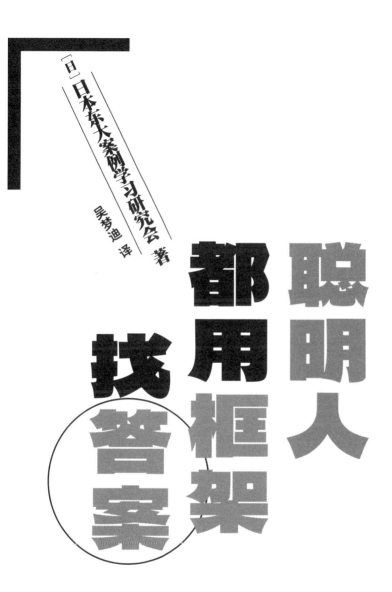

[日]日本东大案例学习研究会 著

吴梦迪 译

聪明人都用框架找答案

中国友谊出版公司

前　言

本书的目的和主旨

这是一本案例分析问题的习题集和讲解书。书中的案例都是咨询公司面试时会出的题目。

本书应用范围较广，不仅能够用来准备咨询公司的面试，对案例分析方法感兴趣的商务人士和学生群体也可以使用。

日本东大案例学习研究会于 2008 年 6 月开始活动，核心成员为共同求职的校友。我们经常会聚在一起学习、讨论案例，最初是为了面试，后来渐渐地变成了共同的兴趣。

咨询公司选拔应届毕业生时会问的案例问题（广义）大致可分为费米推定问题和案例分析问题这两类。费米推定问题是指计算十分奇怪的数学推算问题，比如"日本有多少头牛""长野县有多少家荞麦面馆"等。而案例分析问题则是思考如何解决商务、社会、日常生活中的各类问题，比如"如何提高星巴克的销售额""如何增加去肯尼亚旅游的日本游客数""如何防止睡懒觉"等。这两类问题的共通点是利用合理的假设和逻辑，在短时间内不经调查进行情景模拟。

我们有幸得到了发表研究成果的机会。最初的计划是将这两类问题编入一本书中。由于案例分析的范围过于广泛且无序，我们就决定先将重点放在更为简单的费米推定问题上。这就是上一本书《全世界有多少只猫：用费米推定推算未知》。

随后，除了已经找到工作的首批成员之外，研究会又迎来了新一批开始求职的成员，讨论也变得愈加热烈。在研究会成立两年后，我们的成果终于能够通过本书展示出来。我们举办了几十次研讨会，解决了几百道习题，在"修行"的过程中，不断钻研，反复试错。可以说，本书是我们在这个过程中获得的隐性知识的统述。

通过观察，我们发现周围的学生会很努力地参加"讲座"和"实践"，却很少有人在日常生活中练习"空抡"。也就是说，他们平时会看书学习逻辑思维（讲座），不断参加面试或实习（实践），却不重视将两者结合起来的知识的"空抡"，即案例分析的练习。很多求职的学生都会用框架等逻辑之"剑"将自己武装起来，但平时又没有认真"练剑"，以至于总是仓促应战。这可能是因为他们觉得解决案例分析问题的能力是一种只需在面试几个月前突击学习就可以掌握的技能吧。

但在我们看来，解决案例分析问题的能力相当于有序处理所有问题的"操作系统"。操作系统的通用性很强，所以请务必要像一流运动员那样，通过平日的"空抡"，尽早掌握这种方法。

本书的构成

下面来大致看一下本书的构成吧。

在第 1 部分中，我们会先将案例分析问题分成 3 个类别进行说明，将问题分类有助于在解答时找到最佳策略。接下来，会以"如何缓解东京上班早高峰地铁拥堵情况"为例，详细地介绍几乎可以解决所有案例问题的 5 个步骤。这也是解决案例分析问题的基础。

最后，还会根据实际的面试经验还原面试场景，具体讲解"如何提高新干线上的咖啡销售额"这个问题。看完这一部分，大家应该能通过和面试官的问答，大致把握获得最终结论的整个流程。

第 2 部分会讲解 9 道例题。请读完"确认前提"后，不要立即查看解答过程，先拿出笔和纸尝试自己解决。

案例分析问题当然是没有标准答案的，它更重视过程的逻辑相容性。由于案例分析问题是一种有时间限制的思考实验，所以不会做大量调查，而是基于假设来解决问题。另外，我们都不是各个领域的专家，自然会有很多"侵犯领空"的地方。因此，书中应该会有很多由缺乏知识或实战经验引起的错误，也就是有很多有待指摘的地方，还望各位读者能够指正。

但是，即使不知道所有英文单词，只要掌握了语法，也可以在某种程度上读懂英文。同理，即使不具备专业知识，只要掌握了基本的解题思路，就可以尝试解决问题。希望大家能在练习的过程中，感受到解题方法这个通用"操作系统"的威力。

在第 3 部分中，会讲相应的 9 道练习题，并且我们根据案例和经验总结了一些常用的"武器"。这也是本书的一大特色。

其中也包含了很多商务类图书中看不到的框架。这些框架都是我们自己发现并研究出来的，适用范围较广，涵盖了商务、社会问题以及日常问题等各个方面。只要通过"空抢"训练，熟练掌握这 50 个"武器"，你就可以将几乎所有问题都转化为几张"地图"，实现问题结构化。

还想进一步提升的人，请务必从卷末精选的"210 个案例分析问题"中选择自己感兴趣的进行挑战。解决问题的操作系统通过反复的情景模拟会不断精进完善，最终实现"自动化操作"。

希望你通过本书能感受到案例分析问题这种自由的思考实验的魅力，并将其应用于日常解决问题的训练中。

目 录

目 录

聪明人都用框架找答案

所有问题都能迎刃而解：
案例分析问题的 3 个类别
和 5 个步骤

在第 1 部分中，我们会介绍案例分析问题的 3 个类别，以及解决此类问题时通用的 5 个步骤。除了能够瞬间迸发奇思妙想的天才之外，无论遇到怎样的问题，其他人在解决问题时，最好将其落实到几张"地图"上。这样就可以俯瞰全局，避免想当然和武断。"操作系统"有助于将问题落实到地图上，希望大家能够感受到它的魅力。

第**1**章 **案例分析问题的3个类别**

在正式讲解案例分析问题的解法之前，先来简单了解一下什么是案例分析问题吧。

案例分析问题是"短时间内的情景模拟，需要针对给出的状况设定前提，然后运用合理的假设和逻辑，仅基于自己的储备知识分析出问题的结构并提出解决方案"。换言之，就是针对有关商务、社会和日常生活中的所有问题，如"如何提高出租车1天的销售额""如何增加日本在奥运会中获得的奖牌数""如何防止睡懒觉"等，制定出自己能想到的最佳方案的理性思考过程。

因为范围过于宽泛，人们往往觉得它难以琢磨。但实际上，案例分析问题可分为3个类别。接下来，按照顺序逐一介绍。

首先，案例分析问题可以根据待解决问题的**目的**分类。目的可分为**团体效用**和**个人效用**。

团体效用又可以进一步分为**私有案例**和**公共案例**。团体效用中追求**钱**这种金钱类价值（利益）的**私有案例**，以及追求**钱以外**的非金钱类价值（公益）的**公共案例**，也就是营利和非营利的区别。

私有案例大多是商务相关的案例，比如"如何提高麦当劳的销售额""如何增加火奴鲁鲁马拉松赛的日本参赛人数"等。这也是所谓的**经营战略**。

公共案例则包含"如何减少花粉症患者的数量""如何减少交通事故""如何解决温室效应"等政府、自治体等公共机关制定的**公共政策**，以及"如何增加年献血量""如何让夏日庆典变得更热闹"等NPO（非营利组织）、社团等制定的**运营战略**。

个人效用的案例主要和个人的金钱类、非金钱类等价值追求有关，比如"如何改善睡眠""如何提高保龄球的分数""如何坚持跑步"等。简单来说，就是"由自己来解决需求的案例"，也是日常所说的**个人决策**。

将这些类别归纳成图，如下所示：

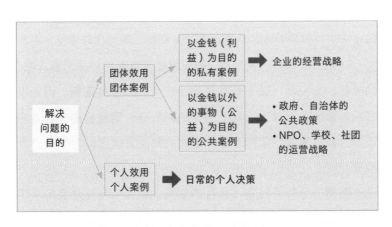

案例分析问题的 3 个类别

这些案例以前几乎都散布在经营战略的理论类、公共政策的理论类、NPO 运营的理论类、自我启发类、商务类等不同类别的书籍中。但是，这些不同类别的问题，却都可以通过**案例分析方法**进行系统处理。这就是掌握案例分析方法这一通用性很高的操作系统的意义（将在**第 2 章**详细讲解案例分析问题的 5 个解决步骤）。

即使所有案例分析问题的解决流程相同，也要划分类别，是因为针对不同的类别要使用不同的框架。**私有案例**（团体效用）使用最多的必然是经营战略、市场战略中常用的 3C、4P、AIDMA 等**商务类框架**。**公共案例**和**个人案例**（个人效用）使用较多的则是存量与流量、需求与供给、个人与环境等社会科学、自然科学常用的**非商务类框架**。

另外，**公共案例**的主体未必一定是公共机关，**私有案例**的主体也未必一定是企业。两者也有可能相反，虽然比较罕见。

比如，京都政府发出的"**如何增加来京都的外国游客人数**"的委托，乍一看，属于**公共政策**，应该归入**公共案例**。但如果从振兴旅游业，以增加旅游相关的税收这一**营利目的**来看，应该归为**私有案例**。实际上，该案例的解决方法更偏向于商务类框架。

案例的分类并没有本质性的要求，但为了维持分类的一惯性，请不要过于在意解决问题的主体是谁，而是要仔细斟酌各个案例的目的，灵活地进行分类。

第 **2** 章　案例分析问题的 5 个步骤

下面开始讲解这 3 个类别的案例通用的案例分析方法。

解决问题的方法由 5 个步骤构成。

> （ⅰ）确认前提
> （ⅱ）分析现状
> （ⅲ）确定瓶颈
> （ⅳ）制定对策
> （ⅴ）评价对策

接下来，就以"**如何缓解东京上班早高峰电车拥堵情况**"这个**公共案例**为例，逐条讲解。

（ⅰ）确认前提

一般来讲，案例分析问题都比较随意，大多都是我们日常生活中常见问题，没有严格的条件设定。但这样一来，问题就会显得过于宽泛，令人难以着手，找不到解决问题的突破口。

因此，你要注意以下 3 个事项，将问题限定在一个框架内。

也就是说，可以按照下述 3 点设定问题。

①**定义语句**：明确模糊语句的定义。

②**确定客户**：委托人的身份会影响制定对策，所以要确定当事人身份。

③**将目标具体化**：以特定指数的增减形式决定具体的目标，比如增加营业额、减少伤害等。这时，需要注意**目标区域、时间跨度、目标增长率**这 3 点。

例："5 年内，让东京外卖比萨的销售额翻倍""10 年内，让日本的交通事故数量减少到现在的 1/3"。

有些案例也会从一开始就制定好条件，但大部分都要自己酌情设定。但是，如果在解决问题前自己将框架设定得过于狭窄，最终可能会无法使用设定的框架数值，或用了也是徒劳，又或者后期不得不更改设定。因此，我们一般只设定①、②、③中的目标区域，剩下的时间跨度和目标增长率则不做硬性规定，稍微留些余地。

将这 3 点应用于"早高峰"的问题，可得到下列结论。

<确认前提>

电车的早高峰可以说是典型的城市问题之一。尤其是东京的早上，乘车率高达 200%。这段时间无法用于生产，不仅会造成社会性损耗，还会导致员工的工作效率下降，甚至让色狼有机可乘（背景说明：一般都由面试官介绍）。

东京都政府前来咨询是否能提出方案解决这个问题。

为了让人们度过一个舒适的早上，请思考一下行政机关和铁路公司可以采取怎样的解决方案（②确定客户：行政机关发出委托，提出铁路公司也能实施的方案）。

我们先来确定早高峰的定义吧（①定义语句：想到需求与供给的框架）。

在主要的上班时段，即 6：30~8：30 的 2 小时内，**乘客的需求数 > 电车可供给的乘客数**，这种状态就叫作通勤高峰。

委托的目标是减少需求与供给的差值（③将目标具体化：区域是东京，时间跨度和目标数值没有具体规定）。当乘车率为 100% 时，需求 = 供给。

怎么样？请大家确认一下①~③的条件分别对应哪里。

（ii）分析现状

在确认前提这一步设定好问题的框架后，就可以开始分析现状了。

如果没有详细地把握现状，就无法设定课题、制定对策。

这是很显而易见的事情，就如同如果你想备考，就必须了解自己现在的学习能力；如果你想存钱，就必须清楚自己现在的赚钱方式和花钱方式；如果你想减肥，就必须调整自己现在的饮食习惯。否则，你无法制定后续的方针。

分析现状的关键是**地图化**。这个概念可以说是本书的高光所在。

地图化是指将问题落实到一张**地图**上的工作。一般也叫作**结构化**，但为了方便理解，本书将采用**地图化**来表述。

我们去国外等陌生的地方时，需要**地图**。不带**地图**就前往从未去过的地方，任何人都会觉得这是一个非常莽撞的行为吧。

解决问题亦是如此。面试官突然提出的问题大多都是你从未想过且不知道的内容，所以需要借助**地图**来思考。只要掌握了**地图**，那么就算是第一次思考，也可以从全局把握这个问题，并确定问题的**症结**（瓶颈）所在。

换种说法，**地图**就相当于登山时使用的**鸟瞰图**。登山时不带**鸟瞰图**无异于不要命的行为。开始登山前，需要先确认**鸟瞰图**，决定大致的路线。同理，解决问题时，也需要通过**地图**把握整体的情况。

去海外旅游或**登山**时不带**地图**，这是很多初学者容易犯的错误。也就是说，当被询问**如何缓解早高峰拥堵情况**时，初学者会不假思索地提出"缩短发车的间隔时间""增加公交车的班次"等对策。如果从一开始就依赖"右脑的想象力"，有可能忽略有效的对策，最终提出不得要领的方案。

解决问题时，千万不要在一开始就举办这样的**想法大会**。

第一步应该做的是找到**地图**。

但是，不同于海外旅游和登山，解决问题的**地图**需要自己制作。商务类图书中都会介绍图表化、思维导图、图解技术等制作**地图**的方法。这些解题工具都过于细致，很多都让人感到很难彻底掌握。因此，本书提倡使用**框架**法，这种制作**地图**的方法不仅简单而且十分有效。

框架是指**用以区分事物的结构**。大多都是基于 MECE（Mutually Exclusive Collectively Exhaustive 的缩写，指无重复、无遗漏，它是逻辑思考的基础。具体说明请参考相关书籍）分析法建立的。

具体来说，**商务类框架**就是 3C、4P、AIDMA 等，**非商务类框架**就是需求与供给，输入与输出，"心理、技能与身体"等（详情请参考"50 个精选框架"）。

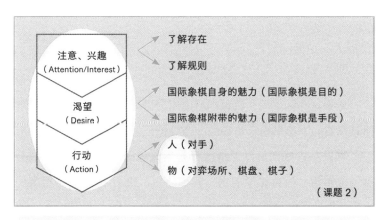

地图：决定下国际象棋之前的决策过程（AIDMA 版）

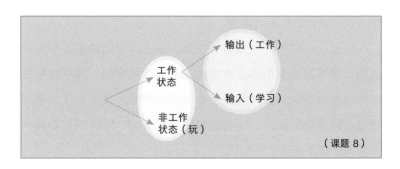

（课题 8）

地图：实战的分类

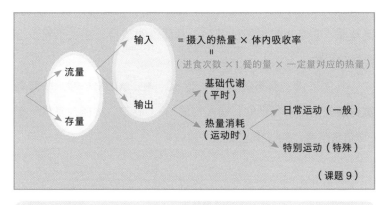

（课题 9）

地图：减肥的机制

　　掌握这些框架后，就可以自由组合搭配，轻松制作**地图**。下面就来看一下本书中会出现的几张**地图**吧。

　　如以上这些图所示，**地图**都是用流程图或 MECE 分析法分解的逻辑树。值得注意的是，其中使用了很多 **50 个精选框架**的内容（用蓝色圆圈围住的地方）。

　　也就是说，只要牢记常用的**框架**，制作**地图**需要花费的时间就会比从零开始制作逻辑树少很多。

从这层意义上来讲，**框架**是解决问题的重要**"武器"**，就像**剑**一样，你可以随身携带。

能够用随身携带的**剑**分解的部分（蓝色圆圈围住的部分），就用这把**剑**快速分解；无法分解的部分（没有圈出来的部分），就当场制作一把 MECE 之**剑**，灵活分解。

人们往往只注意商务类的**框架**，很多人会通过经营学图书和商务图书，学习 3C、STP、4P 等经营战略和市场战略的**框架**。现在，市面上还出现了很多类似"框架手账"的书，里面介绍的框架确实对解决商务案例问题（本书的**私有案例**）卓有成效。

但是，案例分析问题还包括公共政策、运营战略和个人决策等类别的案例。至今，却还没有适用于这类案例的**框架**。正如"前言"中所说的那样，我们从几百个案例中，自主发现并研究出了"非商务类框架"。我们从商务类框架、非商务类框架中严格甄选出了最常用的 50 个框架，并归纳在"50 个精选框架"中。这就相当于案例分析问题的**武器库**，请务必熟练运用。

学生在考试前会牢记数学、物理的**公式**。同理，解决问题的人在解决问题前，也必须记住**框架**。从头推导**公式**是非常困难的，从头制定**框架**亦是如此。牢记**固定的框架**就像是找到了**思考的捷径**，以此来提高效率。从这层意义上来讲，**"框架手账"**就相当于考前学生随身携带的装满了**公式**的**参考书**。

换种更直观的说法，**框架**就像是外科医生的**手术刀**。外科医生会使用不同种类的**手术刀**，剖开人体，摘除病灶。同理，解决问题的人必须使用**框架**分解问题，找到问题的**症结**（瓶颈）所在。**手术刀**种类繁多，每种都有不同的用途。因此，要搜集尽可能多的手术刀，为应对实战而反复练习，能够根据不同的需求灵活使用不同的手术刀。这应该就是快速摘除病灶的关键。

　　说明的部分有些长了，总而言之，**框架**是制作**地图**的重要工具。那么，下面就试着将早高峰的问题落到地图上吧。

　　＜分析现状＞

　　根据定义，分别从需求和供给两方面考虑（频繁出现的框架：需求与供给）。

　　首先，需求可做如下表述：

　　①需求＝（A）通勤需求 ×（B）电车选择率 ×（C）高峰时段选择率

　　（因数分解）

　　其中，**（B）电车选择率**是指在电车、公交车、出租车、徒步等所有交通方式中，选择电车的人的比例。**（C）高峰时段选择率**是指选择乘坐电车的人中，会在早高峰时间段内乘车的比例。

　　另一方面，供给可做如下表述：

　　②供给＝（D）路线数 ×（E）电车数 ×（F）车厢数 ×（G）每节车厢的满载人数

（因数分解）

将上述信息落到一张地图上，结果如下图：

需求＝（A）通勤需求 × （B）电车选择率 × （C）高峰时段
选择率

供给＝（D）路线数 × （E）电车数 × （F）车厢数 × （G）
每节车厢的满载人数

地图：早高峰的机制

这里使用的**框架**只有**需求**和**供给**。后面只需分别进行**因数分解**，横向展开，便能够迅速整理。在讲解**地图化**的时候，我着重强调了**框架**。但其实**因数分解**和框架一样，也是常用的地图化工具之一。

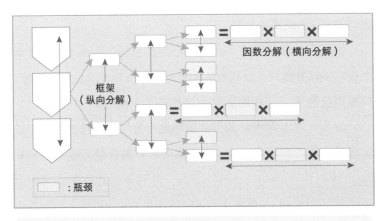

制作地图的大致流程

地图一般由两种分解方式组成，一种是框架（**纵向分解**），一种是因数分解（**横向分解**）。

在本书中，"需求与供给"、"心理、技能与身体"、3C 这样的并列概念型，以及 AIDMA 这样的阶段步骤型，全部称为框架。

（iii）确定瓶颈

制作出地图后，剩下的问题便可迎刃而解。通过地图把握问题的全貌后，你就能找到引发这个问题的**症结**所在了。就好比外科医生找到应通过手术最先去除的**病灶**一样，本书称之为**瓶颈**。

那要如何寻找**瓶颈**呢？这时需要你想出应对**瓶颈**的代表性对策，并预测每个对策的**实效性（效果）**和**可行性（成本、风险等）**。整个过程非常考验脑力。从某种意义上来讲，可以说是**制定对策和评价对策的预判**。

假设有位癌症患者，癌细胞已经扩散到了两个地方。这两个病灶（候补瓶颈）分别为 A 和 B。医生认为 A 适合内科治疗，即使用抗癌药，而 B 则适合通过外科手术摘除。

假如针对 A 的内科治疗效果略逊一筹（实效性 =2），但成本和风险非常低（可行性 =4），那么该对策的魅力值就是实效性 × 可行性 =2×4=8。另一方面，针对 B 的摘除手术虽然效果好（实效性 =5），但成本和风险却相当高（可行性 =1），那么该对策的魅力值就是实效性 × 可行性 =5×1=5。此时，两种对策的魅力值结果为"内科治疗：8＞外科手术：5"，所以应优先去除的**瓶颈**是适合内科治疗的 A。

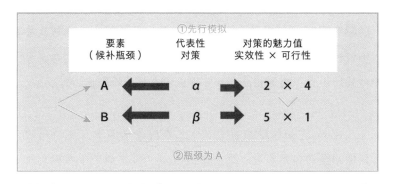

确定瓶颈的方法

制作树形地图，分项列出要素后，我们就能看到更多的候补瓶颈。这时就好像走到岔路口一样，不能凭借直觉选择，而是应该停下脚步，认真思考。首先，可以想象一下自己在使用**望远镜**，眺望每条岔路通向何方。也就是说，先想象一下适用于各个候补瓶颈的代表性对策，然后快速**预估**出各对策的魅力值（实效性 × 可行性），进行事前演练。最后，选择魅力值最高的对策且最合理的要素作为瓶颈。

＜想要进一步加深理解的人＞

严格来讲，我们在确定瓶颈时使用的**实效性**，还可以进一步分解成下列两个要素：

体量 × 潜力

体量是指特定群体"**改善余地的大小**"，**潜力**是指"**对策的感应度**"（实际对特定群体实施特定对策后，表示能够改善到何种程度的数值）。每个群体的**体量**是固定的，但**潜力**会受对策的影响。两者相乘，即可得出特定对策的**影响**。

比如，"如何增加某个在十几岁的年轻人中人气很高的偶像组合的粉丝人数"这个问题。60～80岁的老年人有大约2500万人，10～19岁的年轻人只有大约1200万人。前者体量是后者的2倍多，而且这个群体中几乎没有粉丝。即便**体量**非常大，但事实上，无论花费多少精力、想出多么好的对策，这个群体成为粉丝的可能性即**潜力**都微乎其微。因此，老年人"**体量 × 潜力**"非常小。

或许我们经常会在大脑中无意识地进行这样的计算。但如果分析**实效性**的时候只考虑**体量**和**潜力**其中一方，最终就有可能选择错误的瓶颈。因此，在预估对策的**实效性**时，需要同时考虑**体量**和**潜力**两个要素，缺一不可。

只是单纯讲解不易于理解，所以下面再次使用"早高峰"的例子进行说明。希望大家在掌握具体案例的时候，能再次阅读讲解。

＜确定瓶颈＞

①关于需求

（A）通勤需求：要想减少**（A）通勤需求**，可以从**（H）搬到公司附近住**、**（I）让公司迁移到家附近**、**（J）住在公司**、**（K）居家办公** 4个方面着手（进一步分解成 4 个要素）。

搬家到市区住或公司迁至郊区和税收优惠等政策有关，所以**（H）搬到公司附近住**和**（I）让公司迁移到家附近**是周期很长的政策性方法，不具备实效性（情景模拟一下促进搬家或公司迁移的对策，最终因为时间跨度过长而被驳回）。

要想增加**（J）住在公司**的可能，公司就必须建造新的宿舍。考虑到成本和空间，这种方法应该很难实施（情景模拟一下公司提供员工宿舍的对策，最终因为成本、空间等可行性方面的因素而被驳回）。

要想增加**（K）居家办公**的人数，就必须制定支持居家办公或独立办公的政策，也需要公司的配合。如果实现上午在家办公，或许可以减少早高峰的通勤需求（瓶颈1）。

（B）电车选择率：至于降低**（B）电车选择率**，很多铁路公司都收购了公交车公司，所以可以探讨如何推动人们由电车通勤转向公交车通勤（瓶颈2）。

（C）高峰时段选择率：要想降低**（C）高峰时段选择率**，可以让人们选择在高峰时段以外的时间上班（统称"错峰通勤"）。为此，可以从提高高峰时段的票价或是降低非高峰时段的票价两个方向加以探讨（瓶颈3）。

②关于供给

（D）路线数：东京的电车密度是世界第一，要想开发新路线，就必须进一步往地下挖掘，这需要很庞大的成本。而且 2008 年刚开通了副都心线，所以要想在中短期内解决这个问题，铺设新路线不太现实（情景模拟一下开发新路线这个对策，最终因为成本过大而被驳回）。

（E）电车数：自 2005 年 JR 福知山线发生脱轨事故以来，人们就开始关注电车时刻表过密的问题了。考虑到这个社会形势以及安全问题，继续增加列车运行表密度的对策在实施时会遇到比较大的阻力（情景模拟一下增加电车数的对策，最终因为风险大而被驳回）。

（F）车厢数：通过观察，我们发现东京的电车站台长度和电车的长度几乎相同，所以要想增加 1 节车厢，就必须扩建站台。而这预计会花费巨额的成本，所以不现实（情景模拟一下增加车厢、扩建站台的对策，最终因为成本过高而被驳回）。

（G）每节车厢的满载人数：可以进一步分解为**底面积 × 单位面积的人数 × 高度（层数）**（进一步因数分解）。

增加高度（层数），也就是将电车变成双层的，需要额外增加很多成本，所以不现实。而增加底面积需要更换车厢，同样也很困难（情景模拟一下引入双层电车或更换车厢的对策，最终因为成本过高而被驳回）。

因此，只能增加单位面积的人数，也就是提高空间使用率。空间可分为**椅子（坐）**和 **空地（站立）**（进一步分解）。空地的单位面积人数要比椅子多数倍。也就是说，可以考虑减少椅子，增加空地（瓶颈4）。

综上，先运用情景模拟对各候补瓶颈的代表性对策进行预演，然后根据"实效性 × 可行性"逐个排除，剩下的便可作为瓶颈。

上述早高峰案例的瓶颈有 4 个：

瓶颈 1：居家办公、独立办公的人数

瓶颈 2：电车选择率

瓶颈 3：高峰时段选择率

瓶颈 4：单位面积的人数

（ⅳ）制定对策

确定瓶颈后，终于可以进入制定对策、解决瓶颈的步骤了。

这一步的基础同样也是运用 MECE 分析法，即无重复、无遗漏地制定对策。大致流程如下图所示：

先根据对策选项，决定大致的对策方向，然后再进一步制定具体的内容。两者也可分别用"做什么（What）"和"怎么做（How）"来表示。

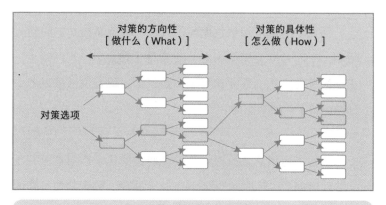

制定对策的地图示例

例如，针对"想要出门开会，却突然下起了暴雨"，这种情况的对策选项如下图所示。

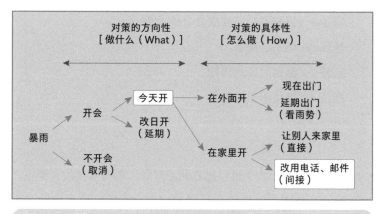

针对暴雨的对策地图

在这张图中，针对"暴雨"，应该先选择决策的方向，即决定"今天开"，然后再确定"改用电话、邮件"这个具体的方法。

就像这样，制定对策的基础也是制作地图。但是，实际的面试非常重视第二步分析现状时的地图化，尤其是小组讨论时，只是在最初地图化这步就会耗尽规定的时间。

另外，使用树形图整理对策确实是基础方法，但是用这种系统性且刻板的方式思考对策，很难迸发出所谓的奇思妙想。

综合上述考虑和篇幅的限制，本书除了几个例子之外，不会在制定对策的地图化上用较多篇幅。虽然可能会有所疏漏，但我们会列举一些比较妥当的对策。其中，我们也尽自己所能，加入了一些奇思妙想。另外，为了简化该步骤，我们会指出对策的方向性，但不会涉及具体对策。

接下来，就将上面的对策用于"早高峰"问题吧。

< 制定对策 >

针对 4 个瓶颈，我们尝试制定相应的对策。

1. 推出税收优惠政策，鼓励企业导入支持居家办公、独立办公的制度（→居家办公、独立办公的人数）

这个瓶颈需要长期的政策性支持（对策 1）。如导入支持居家办公和独立办公制度的公司，可以享受法人税的优惠政策等。

2. 增加通勤专用公交车的数量，发行仅限于高峰时段使用的公交车优惠乘车卡（→电车选择率）

可以增发通勤时段的公交车（对策 2），或者发行只能在高峰时段使用的公交车优惠乘车卡（对策3）。

3. 发行仅限于非高峰时段使用的定期优惠乘车卡（→减少高峰时段选择率）

铁路公司有预售的乘车卡，以现在的体系来讲，只提高高峰时段的票价比较困难。那么，反其道而行之，推出仅限非高峰时段使用的低价乘车卡（对策4）会怎样呢？如果在高峰时段使用该乘车卡，就会产生高峰时段的费用，这时乘车会从电子钱包中扣除几百日元。这样一来，就可以促进非高峰时段的电车使用了。

顺带一提，据说东京电车东西线曾发起过错峰通勤活动，当时就导入了电车积分这种价格奖励机制。

4. 撤掉椅子／导入折叠式座椅（→单位面积的人数）

可以撤掉所有椅子（对策5），或改成折叠式的椅子（对策6）。事实上，山手线的部分车厢曾经就使用过折叠式的座椅。

虽然没有制作地图，但我们对4个瓶颈都提出了相应的对策（当然，肯定还有其他更好的对策）。

（ⅴ）评价对策

复杂烦琐的案例问题终于到最后一步了，需要对（ⅳ）步骤中制定的对策进行评价并排序。

评价需要评价标准，即前文提到的实效性、可行性、时间间隔（正式实施对策前的准备时间和／或对策实施后，到成果显现为止的生效时间）等。其中，实效性和可行性最为重要，请务必记住。

严格来讲，每项评价都实现定量化（费米推定）是最理想的。但本书为了降低难度，只进行定性评价。

比如对于"早高峰"这个问题，可以按照下列方式来评价。

< 评价对策 >

前文列出了 4 个对策以供选择。下面就从实效性、可行性和时间间隔（准备时间、生效时间）这 3 个方面来对各个对策进行评价。

	实效性	可行性	时间间隔	优先度
1. 推出税收优惠政策，鼓励企业导入支持居家办公、独立办公的制度	小	小	长期	4
2. 增加通勤专用公交车的数量，发行仅限于高峰时段使用的公交车优惠乘车卡	小	中	中期	3
3. 发行仅限于非高峰时段使用的定期优惠乘车卡	大	大	短期	1
4. 撤掉椅子／导入折叠式座椅	中	大	中期	2

下面按照优先顺序逐条说明。

---

3. 发行仅限于非高峰时段使用的定期优惠乘车卡

如果在高峰时段乘坐电车的成本高于其他交通方式，那么电车的早高峰问题就可以得到有效的缓解。站在铁路公司的立场上来看，这种方法的初期投资比更换车厢要少很多，且容易实现。而站在企业的角度上来看，这种方法不仅可以削减员工的交通补助，还能让员工摆脱早高峰挤电车带来的疲劳，从而提高工作效率，所以企业的配合意愿较高。这时，企业需要完善上下班机制，根据各个员工的上下班节奏调整雇用体系。

4. 撤掉椅子／导入折叠式座椅

山手线的部分车厢曾经采用过这种方法，最后因为缓解拥挤情况而没有普及全部车厢。今后，其他线路也可以考虑导入。虽然效果不如对策 3 鼓励错峰上下班，但因为只需要改变车厢内的座椅，所以在增加电车容量的对策中，属于成本较低的一种。

2. 增加通勤专用公交车的数量，发行仅限于高峰时段使用的公交车优惠乘车卡

这种方法不需要投入很多，所以预计成本不会太高。因此，只要东京都政府或铁路公司提供相应的援助并推进政策，应该可以实现。不过相比电车，公交车要更加颠簸，而且容易受堵车的影响，很难准时到站，所以最终会选择换乘公交车的群体数量比较有限。

1. 推出税收优惠政策，鼓励企业导入支持居家办公、独

立办公的制度

现在能在家独立进行的工作较少，所以这种方法应该不会有太大的效果。如果各个企业能更加完善居家办公的环境，也许会有效果。但很多企业只习惯于聚集在办公室工作，而且对于企业来讲，这种方法只能削减员工交通补贴。因此，实施起来应该会花费很长的时间。

重申一遍，严格来讲，应该对各个对策的评价进行定量之后再做比较。但是在分析案例时，时间和信息都是有限的，以至于制定的对策本身就不太严谨。所以实现定量化是很困难的（关于定量化的技术，即费米推定，请参考前作《全世界有多少只猫：用费米推定推算未知》）。

以上就是案例分析问题的基本事项。

实际上，确定对策后会进入实施的阶段。本书的主要内容是案例分析问题，目的是锻炼思维的预演，所以讲解范围只涵盖到评价对策。

但是，在个人案例（课题 7～9 以及案例 7～9 的 6 个案例）中，瓶颈和对策会因每个人的状况不同而出现差异，所以在通过制作地图分析现状，并列出解决各个瓶颈的代表性对策后，我们将不会对其进行进一步评价。但是，为了让大家能够大致把握应对个别问题的方法，我们在最初的个人案例即课题 7 和案例 7 中，设定了具体的故事，并进行到了最后一步，即评价对策。

下面，就让我们进入实践吧！

▲ 这些书对提高解决问题的能力很有帮助。反复阅读，可以升级思维的"操作系统"。

第 **3** 章　实际面试的 5 个步骤

下面就根据吉永的实际面试，讲解一下该如何按照这 5 个步骤解决问题。

<出场人物>

堀（咨询师）：大型咨询公司的年轻咨询师

吉永（学生）：想要进入咨询公司的大四学生

（地点是位于六本木的办公楼高层。吉永通过了前几天费米推定的面试，成功进入二次面试。他来到公司门口，打了一通电话，接待人员就将他带到了一间小而整洁的会客室。）

接待人员：感谢您今天的到来。面试官马上就过来了，请您坐在这里稍等片刻。

吉永（以下简称"吉"）：好的。

（脱掉外套，坐到沙发上后，紧张地等待着。过了差不多 5 分钟，伴随着敲门声，一个熟悉的声音传来，"我进来了"，门便打开了。）

堀：你好，你是吉永先生吧？上次我们已经见过了，我是堀。这次也是我来负责面试。请多关照。

吉：请多关照。

堀：那我们就从应聘理由开始吧。在众多的咨询公司中，你为什么要选择敝公司呢？

吉：关于这个……

（接着，双方开展了仿佛辩论般的问答。面试官一改上次温和的态度，不仅提出的问题非常尖锐，语气也非常严厉。可能是因为和费米推定不同，这次讨论的内容比较敏感吧。）

堀：我大致了解了。由于时间关系，接下来我们就进入案例问题吧。这次要考查的是更具实践性的案例分析问题。这里有纸和笔，你可以随意使用。

（他默默地递过来一张大尺寸的方格纸和一支细细的黑色记号笔。）

吉：谢谢。

堀： 那就开始吧。嗯，我今天刚好坐新干线从大阪回到东京。那么，请你思考一下，该如何提高新干线上的咖啡销售额？请在5分钟内给出答案。

吉： 5分钟吗？好的。不好意思，我想问几个问题。首先，是新干线的哪条线路呢？其次，销售额是指1天的销售额吗？最后，客户是谁呢？

堀： 为了方便思考，就假设是熟识的销售员来找你咨询。你可以自行设定其他条件。

吉： 好的。

（会客室陷入沉默。5分钟过去了，堀似乎在填写对应聘理由的评价。至于写了什么，吉永无从得知。）

(i) 确认前提

吉： 整个流程已经梳理好了，现在可以开始了吗？

堀：（抬起头来，视线离开资料）可以，请开始。

吉： 好的。首先，这个问题比较笼统，所以我按照您刚才所说设定了一个框架。您刚才已经指定这是熟识的销售员朋友的咨询。在此基础上，我想把这个问题限定为如何增加东海道新干线（东京至新大阪区间）1 天的咖啡销售额。

堀：嗯，可以。我今天坐的也是东海道新干线。

（ⅱ）分析现状

吉：好的。我先将 1 天的销售额分解成一个乘法公式。

（掉转纸的方向，展示给堀）

---

1 天的咖啡销售额 =（A）销售员 1 天的乘坐次数
　　　　　　　　　×（B）平均 1 趟新干线的咖啡购买人数
　　　　　　　　　×（C）平均 1 人的购买数量 ×（D）咖啡的单价

地图：咖啡销售额的因数分解

堀：哦，这个公式挺好的。但是，现在的销量有多少呢？你能计算一下，让我有个大致的概念吗？

吉：好的。根据现状，（A）乘坐次数，1 天估计是 2 次。因为坐新干线到新大阪站单程需要大约 2.5 小时，加上换乘时间，往返一次一共需要 6 小时左右。再加上准备时间，很符合兼职的销售员 1 天的工作时间。

接下来，关于（B），可以进一步分解成下列公式。

（给面试官看另一张纸，上面有用横线反复涂改纠正的痕迹。）

> （B）咖啡购买人数＝（E）客容量 ×（F）乘坐率 ×（G）周转率
> ×（H）咖啡购买率

比如，"希望号"的每 1 节车厢（假设客容量为 5 座 ×
20 列 = 100 人）都满座，而且从东京到新大阪，中途没有乘
客下车。根据经验，平均每 100 人中会有大约 3 人购买咖啡。
因此，1 辆东京至新大阪区间的新干线上，会有 48 人购买咖
啡（16 节车厢 × 100 人 ×3/100）。

关于（C），在新干线上，很少有人会喝 2 杯以上的咖啡，
所以就假设为 1 杯。

最后（D）咖啡的单价，假设现在纸杯装的黑咖啡 1 杯
是 250 日元。

堀：这个假设是合理的。也就是说，2 趟 ×48 人 ×1 杯 ×
250 日元……一共 2.4 万日元……差不多就这些吧，我知道
了。请继续。

（iii）确定瓶颈

吉：这次的委托人是销售员，所以无法改变 A（**乘坐次
数**）和（D）咖啡的单价……至于（C）平均 1 人的购买数量，
因为只是 3 小时的车程，所以 1 个人不太可能会喝 2 杯以上
的咖啡。也就是说，本题只需要考虑（B）**平均 1 趟新干线的
咖啡购买人数**。您觉得呢？

堀：嗯，可以。

吉：（E）**客容量**是 100 座 ×16 节车厢。（F）**乘坐率**是显示座位上有乘客的比例，（G）**周转率**就像刚才设定的那样，假设从东京到新大阪中途几乎没有人下车，也没有人上车，所以为 1。这些数值是无法控制的。因此，我想将（H）**咖啡购买率**设定为瓶颈。

堀：这样啊。

吉：不好意思，我现在有一个疑问，销售员原本的目的应该是提高包括便当和其他饮品在内的总销售额吧？如果是这样的话，那没必要局限于咖啡的售卖。那么，这个问题的主旨是什么呢？

堀：你这么一说，也确实如此。但案例毕竟只是思考实验而已。如果觉得有不合理的地方，可以自行酌情改变设定。

（iv）制定对策

吉：这样啊。但之前的条件都是按照咖啡来设定的，所以我想这次还是只考虑咖啡的销售额吧。对这个问题的分析讨论应该也适用于其他商品的售卖。

下面就针对瓶颈，即（H）**咖啡购买率**，制定对策吧。

购买咖啡可以分为两步：

注意/兴趣（Attention/Interest）→**购买**（Action）

关于**注意/兴趣**，我想很多乘客应该都没有意识到销售员在卖咖啡。可以在车厢内播放"来杯咖啡吧"这样的广播，或在推车上张贴标语；也可以在泡咖啡的方式上下点功夫，让小推车周围弥漫着咖啡的香味。

关于**购买**，乘客只有在意识到有咖啡之后，才可能进入购买的阶段。这里，我想从**质和量**这两个方面考虑和乘客接触。

接触的**质**可以分为**观察力**（发现顾客）和**说服力**（诱导顾客）这两点。

观察力是指销售员环顾四周，发现想要喝咖啡的潜在顾客的能力。**说服力**是指销售员发现潜在顾客后，自然而然地说服其购买的能力。针对这一点，可以去请教销售业绩好的销售员推销咖啡的方法，也可以阅读这样的人写的书。据说顶级销售员可以创造高出平均水平3倍的销售额。

推车售卖时会从乘客的背后经过，为了能随时和乘客保持眼神交流，请一定要后退着拉推车（**观察力**）。另外，推销便当时，可以顺带问一下："要不要搭配一杯咖啡？"时间充裕的时候，可以去帮全家出行的人拍照，或给小孩发贴纸等，然后见缝插针地推销咖啡（**说服力**）。

堀：嗯，这些方法确实是可行的。

吉：接触的量可以按下列公式计算。

巡回次数 × 平均1个人的接触时间（和巡回速度互为倒数）

如果之前的**巡回次数**是 1.5 小时 1 次，那可以增加到 1 小时 1 次。在平均不到 3 小时的车程内，巡回次数就可以从 2 次增加到 3 次。这样一来，在客户想要购买的时候，销售员刚好出现在他们面前的概率就会提升。对因为睡觉、埋头于工作或者是因上厕所而错失购买机会的乘客的销售机会也会增加。

进一步增加巡回次数的话，可能会给乘客造成困扰。所以如果时间允许，可以将巡回的速度放缓一半，以便乘客询问。这样做也有助于销售员发现想要购买的乘客，或者增进和乘客间的眼神交流，进而提高购买率。

堀：这样啊。但是，就我今天遇到的情况而言，这个方法在就餐高峰的时候可能行不通。因为大家都要买便当，所以销售员巡回一次要花很多时间。假设接待 1 个乘客需要 30 秒，且 1 节车厢 100 个人中有 20 人要买，那么 1 节车厢就要 10 分钟。只是巡回 1 遍，就要 2 小时以上（10 分钟 ×16 节车厢）。

吉：确实有些时段实施起来可能比较困难。但是，就时间而言，售货员可以努力提升售卖时找钱的速度。像经验丰富的销售员，他们会努力将接待 1 个乘客的时间从 30 秒减少到 20 秒。

堀：嗯。时间也快到了，你可以大致地给这些对策排个优先顺序吗？估计也没时间推测效果了。

（v）评价对策

吉：好的。我想大致从两个方向提出方案。

1. 增加接触的量

只要在空闲的时候或就餐高峰以外的时间段将频率增加到原来的 1.5 倍，同时将巡回的速度减慢一半，和乘客接触的时间就会增加到原来的 3 倍。在就餐高峰以外的时间段，只要有空余时间，就可以立即实施这个方案，所以可以先尝试一下。

2. 提高接触的质

通过在车厢内播放广播，或在推车上张贴推销咖啡的宣传海报，让乘客们注意到咖啡的存在。前面曾提到，列车销售员由于工作性质不宜过度强调咖啡。但是，在推车上贴纸宣传咖啡是可以立刻做到的。

这些都是能够立即见效的方案。而从长期的角度来看，售货员还需要磨炼自己的技术，可以直接向销售业绩好的人请教，也可以通过书籍学习顶级销售员的技术（洞察潜在客户的能力、推销话术）。

以上就是我的回答。

堀：好的。这些方案都非常合适。你有没有什么更加新奇的方案呢？只要简单描述想法即可。

吉：嗯，我想想。为了防止乘客在售卖的时间段睡觉，调高空调温度之类的方案怎么样呢（笑）？这样一来乘客还会口渴，正好可以买咖啡解渴。或者只提供咖啡这一种饮品，又或者为了减少竞争，在车内的自动贩卖机上贴"故障中"的提示。从现实的角度考虑，还有很多可以实施的对策。

另外，如果客户是 JR（日本国有铁道施行分割民营化后所成立的 7 家铁路公司的总称）的话，还可以从咖啡着手，比如降低它的价格、提高它的品质等。这次的客户是销售员，所以有一些方面确实无能为力。

堀：嗯，（看一眼手表）时间到了。过几天我们会通过邮件或电话告诉你结果，今天辛苦了。

<评价>

- 咨询公司的案例面试有两轮，第一轮是费米推定，第二轮是案例分析问题。吉永已经通过了第一次面试费米推定，所以这次面对的是案例分析问题。即使如此，一开始确认前提时，也可能会被要求进行费米推定，就像这次一样。

- 面试的问题很多都是面试官临时起意的，所以条件设定往往都不细致。请先询问面试官，确认前提。

- 这次的地图化没有用框架，而是用了很多因数分解。问题不同，用来绘制地图的最佳工具也会不同（后面会有各种不同的框架出现）。另外，有些面试官不喜欢学生胡乱使用框架，所以使用时可能会被要求做详细的讲解。

- 面试时，主要考查的是地图化。但也有面试官会像堀一样，在最后的时候让面试者说一些奇思妙想。应注意面试官注重的是左脑思维还是右脑思维。

- 这次因为时间关系，没有对方案进行定量评价。实际上，在面试或小组讨论的时候，在前半部分占用大量时间是很常见的。但是，有时候也会要求面试者进行严格的定量化，平时应该做好充分的准备。

- 吉永君虽然只准备了 5 分钟，但回答得相当不错。他似乎是用这 5 分钟思考了大致的流程，具体的内容是边想边说的。

- 斋藤泉被称为新干线界的"王牌销售员"。她曾在山形新干线往返 7 小时的车程内，创下了超过 30 万日元的惊人销售纪录，而同期的平均销售额仅为 8 万日元左右。斋藤泉会预测列车当天的乘客群体，再综合时间、气候等条件选出可能会畅销的商品，并在陈列上花很多功夫。不仅如此，她还会为了增加售卖的机会，比其他售货员更加勤快地往返于车厢之间，甚至快到站了还拿着商品在售卖。另外，她也不会忽视后方的顾客，再次巡回时会确认对方的想法。她专业的态度非常值得学习。（参考斋藤泉《还想从你那儿买！》）

用玩魔方的要领实现地图化

将想到的所有对策列举出来是非常简单的，但要想使用框架，制作多层级树形结构的**地图**，就需要相当高的熟练度了。那么是否有制作地图的诀窍呢？

首先，必须事先装备好框架这种武器。如果你不了解武器，就无法熟练使用它。因此，哪怕现在市场上有很多有关框架的书籍，很多人还是会选择自己研究、开发框架，然后将喜欢用的、常用的记录在笔记本上。

使用这些武器制作地图，就像玩**魔方**一样，可以说是一门手艺。初学者会毫无头绪地转动魔方，需要很久才能将所有格子都复位。但成为高手后，只需几秒便可完成。

魔方的高手也是从初学者一步一步走来的，最初也会胡乱转动，发现不对时，就转回原位重新来。在反复试错的过程中，突然魔方的面就被拼成同色了。这时的动作会无意识地刻在大脑中，以后每次遇到相同的情况，手都会不由自主地做这个动作。

地图化也是如此。初学者一开始会小心翼翼地选择一个框架使用，观察是否能够清晰地整理方案。如果不行，就换用其他的框架。然后，在使用某个框架时，突然发现方案能够被完美地归类。这时，将这个框架的使用方法进行**模式化**，在感受**完美分类的快感**的同时，意识到这个框架是如此强大。待熟悉之后，面对一些简单的问题，就可以在几秒钟内完成**地图化**了。

只要制作出**地图**，就快成功了。因为**地图**就相当于存放方案的**箱子**。接下来，只要将想到的方案分门别类地装入**箱子**即可。

通过 9 类核心问题
培养解决问题的能力

在第 2 部分中，主要讲解 9 个案例分析问题。解决问题的关键在于能否制作出用于俯瞰问题的地图。读完（ⅰ）确认前提后，请先尝试制作自己的地图。

（ⅰ）确认前提

麦当劳的销售额位居日本餐饮行业之首。它的连锁店遍布日本全国，但店铺的扩张似乎已经到了极限。假设为了进一步提高销售额，麦当劳的社长前来咨询"**如何提高麦当劳的销售额**"，并要求我们制定出相应的方案。

本题的对象仅限于日本国内的麦当劳。至于销售额增长的目标值和期限，这里则不做硬性规定。

（ⅱ）分析现状

先来对麦当劳的销售额进行因数分解。

销售额 =（A）店铺数 ×（B）平均 1 家店铺的顾客数 ×（C）客单价

地图：对销售额的因数分解

销售额可分解成上述公式。本题的前提是"店铺的扩张已经到达了极限"，所以只需考虑**（B）平均 1 家店铺的顾客数**和**（C）客单价**。

（B）平均 1 家店铺的顾客数：先来了解一下麦当劳现在的顾客群吧。由于无法获取顾客相关的外部数据，所以就参考我常去的位于东京都内的某家店铺来思考这个问题。

具体来讲，就是以**星期（工作日、周末）、时段（早上、下午、晚上）、形式（堂食 / 外带）**为 3 条轴，对顾客群进行分类。每个格子内的顾客群均有所不同。

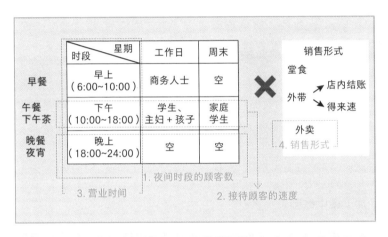

地图：顾客群的分类

关键

先用表格整理工作日和周末不同时段的顾客群确定瓶颈。销售形式则先不放入表格，另行考虑。

近年来，麦当劳也做了一些**拓展新顾客群**的尝试，比如为了吸引工作日的商务人士，**开设咖啡店**。具体措施有很多，比如增加咖啡种类、在店内设立麦咖啡、出售优质烘焙咖啡（100

日元）、通过改造让店内环境更加高雅、设置无线网络等。

同时，为了**维护老顾客的黏性**，也做了很多尝试。比如每月更新新品汉堡、奶油可乐饼汉堡等季节限定菜单，以保持菜单的新鲜感，或者发行优惠券等。此外，为了保持话题度，还举办了各种各样的优惠活动，比如"Big America"活动、"零元咖啡"活动、"薯条自助 & 饮料自助"（部分店铺）等。

（C）**客单价**：客单价可通过"**商品单价 × 购买数**"计算。近年来，在提升**商品单价**上，麦当劳推出过四盎司牛肉堡、超级巨无霸等高价汉堡。而为了提高**购买数量**，则推出过经典的 100 日元汉堡。前者的目的是确保高利润率，后者的目的是刺激顾客对下午茶的需求与他们的冲动型消费，以及促使和核心菜品凑单式消费。

（iii）确定瓶颈

关于客单价，我认为麦当劳已经考虑得相当周全了。从四盎司牛肉堡等高价产品，到 100 日元、120 日元这样的低价产品，各个价位都有所涉及。

因此，在本案例中，我试着列举了 4 个可以增加（B）平均 1 家店铺的顾客数的方法。

1. 夜间时段的顾客数

麦当劳的主力产品汉堡比较适合在中午食用，所以为了增加其他时段的顾客人数，麦当劳推出了玛芬、热狗等早餐，以及甜筒、圣代等甜品。除此之外，通过前文提及的**咖啡店**，在工作日白天来麦当劳的商务人士也渐渐多了起来。

但是，唯独夜间时段，依然沿用着和白天一样的常规菜单，这可能会导致失去潜在顾客。因此，在麦当劳的理念以及能力范围内，尽可能充实夜间菜单也许是关键。

2. 接待顾客的速度

一般在麦当劳，尤其是东京市中心的麦当劳，白天的上座率都接近 100%，而且收银台前面还会排起长队。很多顾客看到如此长的队伍，就会选择放弃并离开店铺。这样也会造成大量潜在顾客流失，引发机会损失。

麦当劳以前是"提前制作"，现在变成了和摩斯汉堡一样的"订单销售"。也许也是这个原因导致顾客等待的时间变长了。

为了以秒为单位缩短等待时间，麦当劳也采取了改善流程、采用信用卡结算等措施。

3. 营业时间

现在已经有很多店铺采用 24 小时营业制了，可以以大城市的店铺为首，考虑进一步在日本全国范围内推广 24 小时营业制。

4. 销售形式

肯德基等快餐连锁行业的竞争对手已经推出了外卖（送货上门）服务，而麦当劳却依旧只有堂食和外带两种形式。

（iv）制定对策

1. 推出夜间菜单

是否能够利用麦当劳的强项，推出牛肉饼、炖牛肉等夜间菜单呢？除此之外，到了深夜，也可以将灯光调暗，营造出"麦当劳酒吧"的氛围，提供酒精类饮品。晚上还可以推出"+100 日元，薯条任意吃"的活动，这样或许就能保证晚餐时段的客流量了。

2. 提升店员的业务能力和备餐速度

这个方案需要店铺在白天客流量多的时候，增加生产线和收银台，或改善店铺布局、开展员工培训。除此之外，还可以设置信用卡、手机支付专用收银台，通过宣传这些结算方式的便捷性和速度，促进顾客选择刷卡支付。

3. 延长营业时间

可以先试行 24 小时营业制，如果有盈利，再逐渐推广到所有店铺。也可以为深夜前来的顾客设置令人安心的网咖区域。

4. 设立"麦乐送"

麦当劳不提供外卖服务，可能是因为配送成本太高。因此，如果只为消费满 1 万日元的派对、宴会等团体客户提供外卖服务，也许能够产生盈利。

（ⅴ）评价对策

下面对上述 4 个对策排列优先顺序。

3. 延长营业时间

只有试行 24 小时营业制后有盈利的店铺才会正式实施，所以风险小，销售额预计也能提高。这个对策符合麦当劳的核心顾客群，也就是年轻人的夜晚型生活模式，和方案 1 **推出夜间菜单**相辅相成。

1. 推出夜间菜单

如果夜间菜单受到欢迎，那么不仅能在客流量少的夜间时段吸引顾客，客单价也会提高，从而大幅提升销售额。但是，这个对策需要大量初期准备，比如设计新菜品的烹调工序、开拓原材料采购途径、教授员工烹调方法等，风险较大。

2. 提升店员的业务能力和备餐速度

如果能够缓解城市里午间时段的拥挤情况，那么绝对能够减少机会损失，提高销售额。但是，麦当劳现在已经采取了以秒计时的操作流程，试图以秒为单位缩短从烹饪到销售的前置时间。因此，在这方面，今后大概不会有太大的改善。但是，如果设置信用卡、手机支付专用收银台，那么随着使用这些结算方式的顾客的增加，处理速度也许还能得到进一步的提高。

4. 设立"麦乐送"

和其他快餐连锁店相比，麦当劳的店铺数较多，且地理位置都很好，所以配送需求相对较小。考虑到这一点，采取这个方案会产生额外的配送人工费、摩托车租赁（购买）费、管理费等，所以就将它排在了最后。

< 反省和今后的课题 >

- 根据日本麦当劳（投资者关系部）的信息（2010年3月），在未来的12个月内，麦当劳将会战略性关闭433家店铺，将其装修成迎合当今审美潮流的店铺。因此，店铺数预计会减少。麦当劳可能是想把经营的重点从扩大店铺的数量转化为提高店铺的"质量"吧。但是，学校、车站等地的店铺数还有扩大的余地。

- 以"城市"和"农村"为两轴进行分类，效果也会很好。这里笔者根据自己的经验，将范围限定在了"城市"。

- 为提高销售额而制定的这些经营战略，多为微观的改善策略。今后，还需要根据这些内容，制定出更加全面的方案。

案例 1	*如何提高养乐多女士的销售额？*	难易度

养乐多女士的工作是登门拜访签约的法人和个人，向他们推销养乐多的饮料。除此之外，也需要开拓新客户。假设从小就很照顾你的 L 女士来向你咨询如何提高销售额，销售额可以进行怎样的因数分解呢？

如何增加下国际象棋的人数？

（ⅰ）确认前提

国际象棋是西方最主要的桌游，但是，在日本下国际象棋的人远不如下象棋、围棋和黑白棋的人多。

因此，假设日本国际象棋协会（JCA）来向你咨询该"**如何在日本普及国际象棋**"。

这里，"**下国际象棋的人数 = 每个月至少下一次国际象棋的人的数量**"。而本案例的目的是增加这类人群的数量。

（ⅱ）分析现状

将本案例的对象，即日本人分成 0～20 岁的年轻人、21～60 岁的社会人士和家庭主妇、61～80 岁的老年人 3 个群体。

① 0～20 岁的年轻人理解能力强，能快速掌握规则，且有充足的时间下国际象棋。除此之外，很多年轻人还没有接触过其他桌游，所以可以先吸引他们下国际象棋。

② 21～60 岁的社会人士、家庭主妇可能没有充足的时间记住新规则。但是，已经知道规则却不玩的人，也许会愿意将国际象棋当作维持交友关系和锻炼大脑的工具。

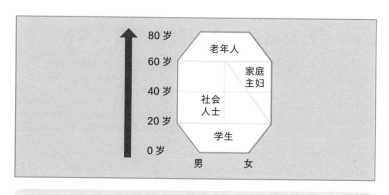

地图：日本的人口金字塔

③ 61～80岁的老年人，可以说是国际象棋普及率最低的群体。他们虽然有充足的时间，但更喜欢下象棋或围棋，而且到了这个年龄，很难记住新规则。因此，国际象棋应该很难在这个群体中普及。

因此，讲解本题时，我会将0～20岁的年轻人作为主要目标，同时也会兼顾21～60岁的社会人士、家庭主妇。

关键

请尽可能确定目标人群后，再使用AIDMA等框架进行分析。在看清目标的"脸"（明确目标人群的画像）之前，即使进行细致的分析，讨论的要点也会偏离正题。

下面就将决定下国际象棋之前的决策过程分解成3个步骤：

注意/兴趣（Attention/Interest）→欲望（Desire）→行动

（Action）

注意/兴趣：包含两个阶段，一个是只**了解存在**（Attention：注意）的阶段，一个是了解存在后，进一步**了解规则**（Interest：**兴趣**）的阶段。

很多人应该都知道国际象棋，但不了解其规则的人估计占了目标群体的80%～90%。

欲望：下国际象棋时，又可以分成两种情况：一种是将下国际象棋本身当作**目的**；一种是将国际象棋当作实现某种目的的**手段**。以国际象棋为**目的**的人，追求的是下棋本身的乐趣。而以国际象棋为**手段**的人，追求的则是和朋友的交流或大脑的锻炼。

行动：当内心涌现下国际象棋的欲望时，需要可以下棋（行动）的环境条件，也就是对战的**人**，以及对战的场所、棋盘、棋子等**物**。

现在，下国际象棋的环境有**现实**和**虚拟**两种。**现实**中，身边懂规则的对手（**人**）很少，也不像围棋那样，有专门的围棋俱乐部（付费下围棋的场所，即**物**）。而另一方面，**虚拟**世界中则有很多线上对弈网站（**物**），在那里，你很容易就能找到对手（**人**）。

下面，就将上述内容落实到一张地图上吧。

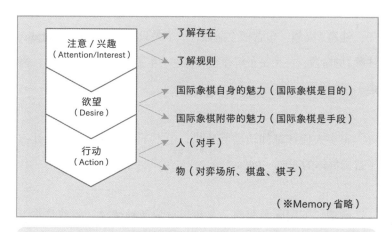

地图：决定下国际象棋之前的决策过程（AIDMA 版）

（ⅲ）确定瓶颈

①和②两个群体的共通点

• 现实中的对战环境（人＋物）

虚拟世界中的对弈，既有免费的对弈网站，也有脸书等社交网站的游戏形式。但现实生活中的对弈机会却十分有限。国际象棋完全没有发挥出它作为一种"交流工具"的魅力。

关于群体①

• 规则的认知率

这类人知道国际象棋的存在，但不了解其规则，可以边下边学，在年轻时通过亲身体验来掌握规则。

·感受国际象棋作为一种游戏的魅力

学生的理解能力强，时间也很充裕。一定要利用这个有利条件，让他们像学习象棋、围棋一样，记住国际象棋规则，并定期练习，形成一种行为模式。

关于群体②

·国际象棋附带的魅力——时尚感

这类群体中的目标人群虽然知道规则，但现在没有继续下国际象棋。这类处于休眠期的人虽然接触过国际象棋，但不一定能感受到国际象棋的魅力，所以必须通过强调"国际象棋是与人交流的手段""国际象棋有利于锻炼地头力①"等附加优点来吸引他们。另外，让他们认识到国际象棋是"西方一种热门的益智游戏"，或许也是一个不错的方法。

（ⅳ）制定对策

两个目标群体拥有相同的瓶颈，但因为各自的生活方式不同，所以需要分别制定有效的对策。

对于① 0~20岁的年轻人

1. 在学校举办国际象棋讲座，导入相关社团活动

小学、初中、高中可以开设特别课程，或利用放学后的时间，请国际象棋的指导老师进行入校讲座，教授学生**规则**。也

---

① 地头力是指不依赖头脑中被灌输的知识，从零开始解决问题的能力。它是一种现场瞬间反应的能力。

可以请高中或大学的国际象棋社团的成员来教授。届时，可以免费派发棋盘，完善对弈环境，推动学生在征得懂国际象棋的老师或家人的同意后，创立社团（完善**现实**中的环境）。

希望最终可以像国外一样，将国际象棋作为通识教育的一环，促成综合学习的导入。通过国际交流项目，吸引海外学生后，也可以通过国际象棋来增进双方的交流。

对于② 21～60 岁的社会人士和家庭主妇

2. 为成年人提供下棋的场所

这个年龄层的人不像年轻人那样，拥有完整的空闲时间。因此，可以鼓励他们利用休闲时间或空闲时间下国际象棋，比如在飞机上或在旅馆、酒店租赁国际象棋下棋。

另外，也可以利用国际象棋时尚的形象，开设国际象棋咖啡店 / 酒吧等小众服务（完善**现实**中的环境），以吸引人们的眼球。除此之外，国际象棋还是一种益智类游戏，所以可以在图书或杂志上宣传，强调它可以"锻炼地头力"的优点。希望可以通过这些对策，唤醒处于休眠期的成年人，并掀起一股国际象棋的热潮。

对于①②两个群体

3. 制作国际象棋相关的媒体内容

另外，可以制作以国际象棋为主题的动画、漫画和电视剧，加强人们对它的印象。就像讲述象棋的《月下棋士》、讲述围棋的《棋魂》一样，如果国际象棋也能制作出经典漫画，掀起一股热潮的话，就再好不过了。

除此之外，还可以挖掘国际象棋界的偶像，就像花样滑冰的浅田真央、高尔夫的宫里蓝一样，通过参演各种节目提升知名度。将棋界的著名棋士羽生善治先生和森内俊之先生等在国际象棋上的造诣，丝毫不输专业人士，也可以借助他们的力量。

等国际象棋的存在感增强到一定程度后，可以推动在电视上播放国际象棋的教育节目或日本国际象棋比赛、世界国际象棋比赛等节目。

（v）评价对策

下面按照优先顺序，对上述对策进行排列。

1. 在学校举办国际象棋讲座，导入相关社团活动

在小学、初中、高中实施这个对策，有助于吸引理解力强、空闲时间多，并且还没有接触其他游戏的群体，所以非常重要。和象棋、围棋一样，只要教他们规则，让他们感受到国际象棋的乐趣后，再完善对弈环境，这样应该就可以培养出一批坚持下国际象棋的学生了。

2. 为成年人提供下棋的场所

针对社会人士、家庭主妇制定的对策，虽然可以很好地解决他们时间不足的问题，但如何向他们宣传国际象棋的好处是个难点。"锻炼地头力"这个好处能够吸引的群体人数估计不会

太多，所以必须挖掘国际象棋的其他优点。

3. 制作国际象棋相关的媒体内容

关于提高国际象棋认知度的策略，由于现在国际象棋不太受关注，制作、播放国际象棋相关的内容对出版社和电视台而言，没有太大的好处，所以很难实现。而且，并没有办法保证这些内容一定会大火。

< 反省和今后的课题 >

• 定义下国际象棋的人时，我凭直觉设定了"1个月至少下1次"的条件。但实际上，这并不符合对一般运动竞技人口的定义。在日本国立国会图书馆的官网上查运动竞技人口时，发现资料上面对各类运动竞技人口的定义都是"1年至少进行1次的成年人"。

• 分析时，也无法确定是否已经融入国际象棋特有的全部要素。因为如果题目换成了"如何增加下黑白棋的人数"，还是会制定出相似的对策。我觉得必须基于国际象棋独有的特征进行细致的分析。

案例 2	如何增加专业相扑比赛的观赛人数？	难易度 B

请参照上文，梳理出决定观看专业相扑比赛前的决策流程。
相扑比赛是日本的一项传统竞技，所以如何制定创新的对策是个难点。

课题 3

难易度
B

如何增加火奴鲁鲁马拉松赛的日本参赛人数？

（ⅰ）确认前提

　　火奴鲁鲁马拉松赛是每年 12 月的第 2 周在夏威夷州首府火奴鲁鲁举办。它不设比赛结束时间，非常适合新手参加。除了全程马拉松、轮椅马拉松和走大约 10 千米的健走马拉松之外，比赛前还会举办晚会等各种活动，让参赛者乐在其中。JAL（日本航空公司）是该赛事的主要赞助商，每年都有超过 2 万人参加，其中一大半的参赛者都是日本人。

　　假设比赛的主办方来向你咨询"**是否能号召更多的日本人来参加**"。报名方式有旅行团包办、个人申请，以及在当地提前 4 天临时报名这 3 种类型。

（ⅱ）分析现状

　　这个课题的对象是日本人，下面就按照**是否有跑马拉松的经验（对马拉松的兴趣、适应性）**和**是否有 1 周至少 1 次的运动习惯（体力）**来对其进行分解。

　　4 类人的体量关系为 D ＞ B ＞ C ＞ A。但是因为 **D 代表的群体既没有跑马拉松的经验，也没有 1 周至少运动 1 次的习惯**，所以无论是从兴趣、适应性还是体力方面，都很难号召他们去参加火奴鲁鲁马拉松赛。因此，本题将目标对象锁定为 A、B、

C 这 3 类人。

跑马经验＼1周至少1次的运动习惯	有	无
有	A	B
无	C	✖

地图：火奴鲁马拉松参赛者的分类

关键

制作表格的时候，为了便于锁定目标以及后续的分析，我没有采用年龄、职业这样的常见要素作为两轴，而是选择了马拉松经验和运动习惯。分类之后，再从"体量 × 潜力"视角锁定目标群体。

下面来思考一下目标群体决定参加火奴鲁马拉松赛之前会经历的 3 个阶段（AIDMA 的使用方法和课题 2 国际象棋案例中的使用方法有微妙的差别）。

（A）注意（Attention）→（B）兴趣 / 欲望（Interest/Desire）→（C）行动（Action）

（A）注意（Attention）：火奴鲁马拉松赛历史悠久，享有很高的知名度。电视上也播放过艺人挑战该赛事的纪录片。因此，很多人应该都知道它的存在。

（B）兴趣 / 欲望（Interest/Desire）：在此将能够激发人们参赛兴趣的火奴鲁鲁马拉松赛的魅力分为**马拉松比赛的常规魅力**（常规）和**火奴鲁鲁马拉松赛特有的魅力（特殊）**两种。

马拉松比赛的常规魅力是指所有马拉松比赛都具备的魅力，而**火奴鲁鲁马拉松赛特有的魅力**则有很多，比如因为举办地是世界著名的旅游胜地火奴鲁鲁而兼具休闲性，参赛的受邀跑者阵容也很强大，比赛前后还会举办宴会等。

单纯依靠**马拉松比赛的常规魅力**，不足以让日本人特意远渡重洋去火奴鲁鲁参加比赛。因此，必须重点向人们展现火奴鲁鲁马拉松赛特有的魅力。

（C）**行动**（Action）：在正式采取行动即报名之前，需要克服**马拉松比赛的常规障碍（一般）**和**火奴鲁鲁马拉松赛特有的障碍（特殊）**。前者包括**跑完全程的能力**、**装备成本**，后者包括**交通费**、**滞留费**、**报名费等成本**，以及**参赛时间**、**办理护照**等。

跑完全程的能力是指跑完火奴鲁鲁马拉松赛全程 42.195 千米的能力（耐力、脚力等）。和滑雪、保龄球等其他运动相比，马拉松的**装备成本**相当低，甚至可以用现有的运动服和运动鞋代替。

交通费、**滞留费**、**报名费等成本**，即使是选择全部包办的旅行团，也要花费 20 万日元左右。报名费虽然和报名时间有关，但无论什么时候报名，报名费都不会超过 2 万日元。所以无论怎样削减这部分费用，也不会有太大的效果。至于**时间**，如果是旅行团，至少需要 4 天。

将上述信息落实到一张地图上，如下图所示。

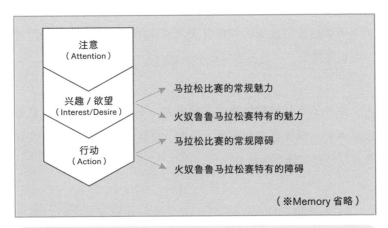

地图：参加火奴鲁鲁马拉松赛之前的决策过程（AIDMA 版）

（ⅲ）确定瓶颈

（A）注意（Attention）

正如前文所说的那样，在 1 周至少运动 1 次的群体中，对马拉松有兴趣的人都会知道火奴鲁鲁马拉松赛。因此，在本题的目标群体中，这一点不是瓶颈。

（B）兴趣 / 欲望（Interest/Desire）

对有跑马经验的人而言，火奴鲁鲁马拉松赛是一项令人向往的赛事，或许会有一定的兴趣。但是没有跑马经验的人对火奴鲁鲁马拉松赛的认识一般只停留在"是一项规模庞大的海外市民马拉松比赛"，并不了解这场赛事的娱乐休闲魅力以及比赛前后的活动等。对于这一群体，比起**马拉松比赛的常规魅力**，更应该传达**火奴鲁鲁马拉松赛特有的魅力**和全新的价值。

（C）行动（Action）

装备成本和办理护照等手续并不是什么大问题。报名的主要障碍是**交通费、滞留费、报名费等成本（以下简称成本），时间**，以及**跑完全程的能力**。对于忙碌的现代人而言，这 3 个障碍难以逾越。很多人虽然对火奴鲁鲁马拉松赛感兴趣，甚至很想参加，但都因此而犹豫是否要报名。在**成本**方面，可以考虑降低占据报团费一大半的机票费和住宿费。

在**时间**方面，虽然不能缩短，但可以根据日本人的放假时间调整赛期。

在**跑完全程的能力**方面，可以举办半程马拉松降低难度。

（iv）制定对策

1. 邀请豪华的嘉宾阵容

可以邀请新手可能会喜欢的明星、著名的马拉松运动员（高桥尚子等），甚至是在美国参加活动的日本演员、处于休赛期的运动员（松井秀喜等）来做火奴鲁鲁马拉松赛的嘉宾。想到可以在火奴鲁鲁见到自己的偶像，并且和他们一起跑步，有些粉丝也许就会愿意远渡重洋来参赛了。

2. 降低机票费、住宿费

JAL 是主要的赞助商之一，所以可以向它谋求合作，为马拉松参赛者提供优惠机票。也可以谋求与火奴鲁鲁市政府和市民的合作，在酒店、旅馆、民宿等住宿方面提供优惠。这样做不仅可以刺激火奴鲁鲁的发展，促进国际交流，也许还能让参赛者下次作为游客前来游玩。

3. 更改赛期

可以将赛期移至年末，方便社会人士参加。在火奴鲁鲁奔跑着跨年，迎接新年里的第一抹阳光也许会是一个不错的活动。

4. 举办适合新手的半程马拉松，强调低难度

设置全新的"火奴鲁鲁半程马拉松赛"怎么样呢？除此之外，还要强调不设置完成时间的规定。

（ⅴ）评价对策

下面按照优先顺序对上述对策进行排列。

4. 举办适合新手的半程马拉松，强调低难度

实施起来没有太大的弊端，有可能吸引无法跑完全程马拉松的人。第一年参加半程马拉松的人，第二年可能会想要挑战全程马拉松。因此，这个对策还有助于吸引参赛者再次参加。

2. 降低机票费、住宿费

降低成本的对策，特别是在经济条件不富裕的大学生和年轻的社会人士中能发挥效果。

但是，对于 JAL 和火奴鲁鲁市的酒店、旅馆来说，马拉松赛期正是获得盈利的时候，所以应该很难认同降价这个方案。主办方可以事先预测实施这个对策后，增加的参赛游客可以为观光行业创造多少税收，然后再去和市政府交涉，说服他们在这个范围内给予 JAL 和住宿提供者给予补助。

3. 更改赛期

如果在年末至年初等长假期间举办，有利于社会人士以及和家人一同来的人参加，所以参赛者应该会增加。但是，这个对策的可行性不太高。因为长假期间，无论是否举办比赛，游客都很多。而火奴鲁鲁市和赞助商 JAL 举办这项赛事的目的是增加淡季的游客数量。

1. 邀请豪华的嘉宾阵容

这个对策确实可能会引起马拉松新手的兴趣，但是无法保证一定能邀请到在美国参加活动的日本名人。

< 反省和今后的课题 >

• 近年来，每年都会有超过 10 位明星和其他项目的运动员参加该赛事。从现实层面来看，利用名人来增加参赛者这个策略已经很完善了。观察其他马拉松比赛，利用名人来

吸引普通民众参加的做法也十分常见。

- 锁定目标时使用的"有无马拉松经验"这条轴，如果改成"无经验者、新手、中级、高级"，就可以成为适用于运动类案例的通用框架了。只要根据具体的案例稍做调整，便可广泛使用。

案例	如何增加滑雪场的滑雪人数？	难易度
3		C

一般而言，马拉松是一项便宜、近、短的运动（火奴鲁鲁马拉松赛例外），而滑雪则正好相反，是一项贵、远、长的休闲运动。因此，全国范围内，滑雪场的滑雪人数正在逐年减少。假设长野县S高原滑雪观光协会的会长来向你咨询如何增加滑雪场的滑雪人数，请想出相应的对策。另外，假设S高原的低价路线，深受学生以及20～30岁年轻社会人士的好评。

▲ 这是实际做分析案例问题时的笔记。可以看出，比起整洁性，尽快将想法落实到纸上更为重要。

案例的储备

本书已经多次强调储备框架的重要性了。但事实上，储备解决案例的流程也非常有用。

就像经营者需要储备商务案例、医生需要储备病例、律师需要储备判例、棋手需要储备棋谱、考生需要背诵英语例句一样，解决问题者也需要储存案例分析问题。

案例是过去解决问题的轨迹。将它们的模式收入大脑的抽屉后，等遇到新问题时，就算缺乏"实战经验"，也可以从中拿出**"虚拟经验"**来。

优秀的案例会提供很多好的**模式**。这些模式都拥有出色的逻辑流程和完美的框架用法，往往都可以反复使用。只要将过往案例使用的模式稍做修改，即可用来解决新的问题。所以，**解决问题的捷径**是存在的。

事实上，你着手解决 210 个案例分析问题时，就会看到"似曾相识的风景"。因为其中很多解法都和本书课题、案例中介绍的解法相似。要想记住珍贵的**"虚拟经验"**，建议你将亲自解决的案例记在笔记本或活页纸上，保存起来。

（ⅰ）确认前提

　　花粉症可以说是日本的国民病，据说患者多达 2000 万人以上。1996 年的调查显示，东京都大约有 19.4% 的人患有花粉症，而到了 2006 年，这个数值变成了 28.2%，可见患者数量正在逐渐增加。花粉症患者一到花粉的季节，就会出现打喷嚏、流鼻涕、鼻子堵塞、眼睛发痒等不适症状。

　　假设东京都政府非常重视花粉症患者持续增加的情况，所以来向你咨询**"应该如何减轻花粉症给市民们带来的伤害"**。

　　本题将"减轻花粉症带来的伤害"定义为"减少花粉症患者的数量"。另外，为了简化问题，本题会将造成花粉症的罪魁祸首限定为杉树。

（ⅱ）分析现状

　　先来介绍一下花粉症的发生机制。花粉不断进入人体，当人体内的花粉量超过临界值，就会激发人体的防御功能，引发免疫反应。过度的免疫反应又会进一步引发过敏，也就是花粉症。

　　可以用下图来描述花粉症的发病过程。

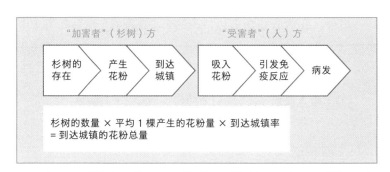

地图：花粉症的发病过程

关键

这张地图采用了和 AIDMA 一样的阶段型图表，按照时间顺序总结了产生结果前的过程。制作时，请在解决问题所需的范围内，尽可能细致地贯彻 MECE 分析法。

整个过程分为**人间接参与的部分**（"加害者"方）和**人直接参与的部分**（"受害者"方）。

流程图的左边和杉树花粉这个**"加害者"**有关，由 3 个阶段构成：

杉树的存在→产生花粉→到达城镇

到达城镇的花粉总量可通过下列公式计算：

（A）杉树的数量 ×（B）平均 1 棵产生的花粉量 ×（C）到达城镇率

另外，在流程图的右边，人这个**"受害者"**也会经历 3 个阶段：

（D）吸入花粉→（E）引发免疫反应→（F）病发

（iii）确定瓶颈

事实上，为了减少产生的花粉**（C）到达城镇率**，政府已经采取了减少沥青路面、增加泥土地面的对策，试图通过细菌来分解掉落的花粉。但是，这个对策只能在小范围内实施，所以不能作为瓶颈。

另外，以现在的医学水平，还没有办法做到让人体在吸入花粉后避免**（E）引发免疫反应**。

因此，在这个案例中，我只考虑剩下的（A）（B）（D）（F）4 个因素。

（iv）制定对策

1. 用其他品种的树代替杉树［→（A）杉树的数量］

有两个方法可以减少杉树的数量，一是直接砍伐杉树，二是用其他植物代替杉树。考虑到森林具有涵养水源和保持水土的功能，后者的可行性更高。

2. 打理杉树林［→（B）平均 1 棵产生的花粉量］

人们一般会砍伐树龄小的杉树做成木材。而如果疏于打理，杉树到了一定的树龄，就会产生大量的花粉。现在，因为管理员不足，很多杉树林都处于无人打理的状态。因此，东京都政府可以委托专业公司尽早砍伐，整顿杉树林。

3. 倡导佩戴口罩和眼镜 ［→（D）吸入花粉］

防御花粉最直接的对策是在东京都内的小学、初中、高中，对包括非患者在内的所有学生进行彻底指导。患者大多都会佩戴口罩，但多数非患者则不会，因为他们不知道如果持续接触花粉，自己也有可能产生免疫反应。

4. 推进开发抑制症状的药物 ［→（F）病发］

花粉症没有办法根治，目前主要采取的是抑制过敏的药物治疗、眼药水、鼻腔激光治疗等对症疗法。东京都政府可以资助大学和民营的研究机构，推动它们开发效果更好且副作用少的抗过敏药物。

（ⅴ）评价对策

接下来按照优先顺序，对上述对策进行排列。

2. 打理杉树林

花粉的源头是大范围种植的杉树林。因此，只要认真护理好杉树林，花粉量就会大幅减少。这种做法比起整棵替换更有效率。但是，这个对策需要动员杉树林的所有者，让他们今后也维持管理。

3. 倡导佩戴口罩和眼镜

这个对策比较常见，现在已经实施，成本最低，且实施起来很简单，期待产生一定的效果。但是，鉴于现在无论是患者还是非患者都没有采取充分的防花粉措施，这个对策还有进一步渗透的余地。

1. 用其他品种的树代替杉树

如果能将荒置的杉树林换成其他无害的品种，确实可以大幅减少由杉树引起的花粉症。但是，考虑到杉树的涵养水源和保持水土的功能等，一次性推进该对策可能会引发洪水和塌陷，所以必须循序渐进。这样一来，就需要花费很长的时间才能见效，且成本预计也会很高。因此，这个对策的效率并不高。

4. 推进开发抑制症状的药物

开发新药需要等待很长的时间，而且也不能保证一定有效。另外，现在已经有即便每天服用，副作用也很小的抗过敏药和鼻塞药，所以进一步改善的优先程度较低。

<反省和今后的课题>

- 虽然制作出地图后对整体进行了分析，但遗憾的是，最终只是列出了几个可行的对策，并没有提出具有创新性的方案。
- 补充一个方案。为了筹集打理杉树林、替换品种的费用，对口罩、防过敏药、眼药水等防花粉用品征收"花粉税"

会怎么样呢？

根据第一生命经济研究所的估算，患者在预防花粉症上花费的费用（即花粉症特需）高达639亿日元，随之产生的经济效果（口罩、空气净化机等防花粉用品的销售额）大约有1000亿日元［但是，根据文部科学省的调查，2005年1至3月的经济损失（娱乐费、餐饮费、食物费减少）高达几千亿日元］。

按照5%的税率来计算，可以算出防花粉用品带来的税收高达25亿日元以上。按照人口比例估算的话，只东京都的税收预计就能达到2.5亿日元以上。而东京都政府开展的种植花粉较少的树的活动，4年只募集到了7000万日元。这样看来，这个对策应该也可行吧。

案例 4	如何减少交通事故？	难易度 B

为了简化问题，本题可排除电车、船舶、飞机事故，将范围限定为机动车（二轮、四轮）事故。该如何制作交通事故发生原因的地图呢？

课题5 如何减少东京的乌鸦数量？

难易度 A

（ⅰ）确认前提

东京的市中心栖居着很多来自山区的乌鸦。它们不仅会乱翻垃圾箱、盗取晾晒的衣物，进入繁殖期后还会攻击人类，给东京都的居民带来了很大的危害，甚至一度发展为社会问题。

2002年，都政府接到的有关乌鸦的投诉达到了顶峰，高达3820件。但近年来，情况已有所改善，2008年只接到了712件。

本题的时间设定在2002年。假设当时深受其害的东京都政府来向你咨询"**如何减少乌鸦数量**"。请制定有助于减少乌鸦数量的对策，守护人们的生活。

另外，本题将东京的乌鸦定义为**市中心的乌鸦**，目标是减少栖居在市中心的乌鸦数量。

（ⅱ）分析现状

减少乌鸦数量的途径有两个：一个是通过改变乌鸦的生存环境，令其自然减少的**间接**方法；一个是针对乌鸦本身采取措施的**直接**方法。

首先是**间接**方法。请思考一下乌鸦的生存条件有哪些。这里可以使用"**衣、食、住**"的框架。乌鸦不穿衣服，所以只要具备**食**和**住**的条件，它们就能生存。

因此，想自然减少乌鸦数量，要么就从为其提供营养的**食**着手，要么就从乌鸦筑的巢即**住**着手。

关于**食**，可以分为厨余垃圾和人类投喂的饲料两种。但特意给乌鸦投食的人比较少，所以本题将只针对厨余垃圾。

另外，根据厨余垃圾的形态，又可将其分为违法丢弃和合法废弃。违法丢弃的垃圾就是随地乱扔的垃圾。废弃的垃圾有两种：一种扔在各个地区的垃圾存放点，一种扔在路边、公园内的垃圾箱。

关于住，可以分为私宅、办公楼、车站等私有地和公园、电线杆等公有地。

直接的方法有两类：一类是消杀（用猎枪枪杀或用毒团子毒杀等），一类是捕捉（用陷阱、网等）。

将上述信息落实到一张地图上，如下图所示。

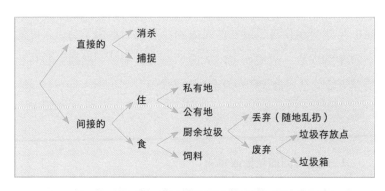

地图：消除乌鸦的途径分解

方法有两种：一种是直接减少乌鸦数量的对症疗法，一种是间接解决问题的原因疗法。本题采用的地图将重点放在了原因疗法上，虽然会花费一定的时间，但能从根源上解决问题。

（iii）确定瓶颈

　　关于**食**的主要课题是垃圾存放点的厨余垃圾。这些垃圾只是放在了塑料袋和网中，完全暴露在外面。经常可以看到乌鸦将喙伸入网眼弄破垃圾袋，叼啄里面的东西。路边垃圾箱中的垃圾因为在箱子里面，所以看上去不会像垃圾存放点那样容易被乌鸦叼啄，但还是需要采取一些防护措施。至于随地乱扔的垃圾，我感觉食物被胡乱丢弃的情况较少，所以本题不考虑这一点。

　　关于**住**，私有地有管理员，所以乌鸦应该不会在私有地筑巢定居。就算筑了巢，也会被管理员拆除。因此，乌鸦大多栖居在没有管理员的公园、电线杆等公有地。

　　消杀乌鸦一般会使用猎枪或毒团子。但如果在市内使用猎枪，可能会误伤乌鸦以外的人或物；而使用毒团子的话，可能会被宠物误食，造成伤害。从这个意义上来讲，把捕捉的乌鸦交给专业的公司处理或绝育会更加安全。

（iv）制定对策

1. 设置牢固的垃圾收集箱

　　可以在垃圾存放点或公园放置塑料制、金属制的开合式垃圾收集箱，以此断绝乌鸦的食源。现在没有推进这项措施，是因为对个人没有完善设备的激励。因此，可以将这个对策加到条例中强制实施，或免费派发垃圾收集箱，二者可能更见成效。

2. 拆除鸟巢

在接到公有地的通知后，可以委托专业公司采用人海战术定期拆除鸟巢。春天到夏天是乌鸦的产卵期，所以在这段时间内重点实施该对策，可有效抑制乌鸦的繁殖。

3. 捕捉

可以委托专业公司，使用筐、网等工具捕捉乌鸦，并对其进行强制性的处理或绝育。相比私有地，乌鸦在公有地筑巢的可能性更高，所以可以在公有地实施该对策。

（v）评价对策

接下来按照优先顺序，对上述对策进行排列。

1. 设置牢固的垃圾收集箱

这个对策可以通过断绝乌鸦最大的食物来源，抑制它们的生存和繁殖。刚开始设置垃圾收集箱时，会产生高额成本，但从长远的角度来看，应该不需要产生太多运营成本，所以性价比较高。

3. 捕捉

短期内可以取得不错的效果。但是，乌鸦掉入陷阱后，会发出噪声，所以不能放任不管，必须及时回收。因此，考虑到成本，捕捉的量其实是有限的。另外，如果强行减少乌鸦的数量，那么剩下的每只乌鸦可获得的食物就会增加。这反而会促进其繁殖，其他地区的乌鸦也会不断涌入。从长远的角度来看，乌鸦的数量或许并不会减少。

2. 拆除鸟巢

乌鸦会在高处筑巢，拆除起来比较困难，并且拆掉后可能还会再筑。树枝、树叶或者晾衣架等筑巢的材料在城市里随处可见，所以对于乌鸦来说，重新筑巢并不困难。

< 反省和今后的课题 >

- 栖居在东京的乌鸦数量已从 2002 年的 35200 只减少到了 2008 年的 21200 只（出自东京都调查）。东京都政府采用的方法有设置防鸟网、推进早上回收垃圾和拆除鸟巢等，和本题列出的对策相似。值得注意的是，在 2002 至 2008 年的 7 年内，一共捕捉了 101182 只乌鸦（同样出自东京都的调查）。采取的对策之强硬令人意外。
- 这个案例采用的地图比较特殊，除了乌鸦在市中心得以生息的生存条件之外，还包含了有助于减少乌鸦的对策的方向性。

案例	如何减少盗窃？	难易度
5		B

假设位于东京都内初高中附近的某超市，常年遭受初中生、高中生的盗窃。请制定对策，减少超市的损失，可以先对损失进行因数分解。

▲ 我参考最多的是这 3 本书，请务必一读。
《工作的原理·解决问题篇》斋藤嘉则 著
《世界最简单解决问题的方法》渡边健介 著
《用历年真题锻炼地头力》大石哲之 著

课题 6　如何增加年献血量？

（ⅰ）确认前提

现在，日本用于输血和血液制品的血液处于慢性不足的状态。根据厚生劳动省的调查，1994 年全年献血者为 661 万人，但 2008 年却减少了 23%，只有 508 万人。

假设社会团体法人日本红十字会来向你咨询该"**如何募集更多的血液**"，请思考一下有助于增加年献血量的对策。

现在，人们可以在献血站、献血中心等常设站点以及游走在大街小巷的献血车上献血。红十字会出于对健康的考虑，规定了献血者必须是"16～69 岁且满足各项健康指标的人"。本案例也会遵守这个方针。

（ⅱ）分析现状

先用下列乘法公式对年献血量进行分解。

> 年献血量 =（A）国内总人口 ×（B）献血率 ×（C）1 年的献血次数 ×（D）平均 1 次的献血量

地图：对年献血量的因数分解

（A）国内总人口：根据（ⅰ）确认前提，献血的对象是

16~69 岁的人，大约有 9000 万人。

（B）**献血率**：日本现在献血的人只占可献血总人口的不到
10%。为了提高献血率，日本红十字会在电视上投放了广告，还
在新宿、涩谷等商圈设置了献血站，并为献血者提供饮料、食
物和小礼物等。

先对献血的群体进行分类。因为献血者必须年满 16 岁，所
以**学生、社会人士、家庭主妇**和**老年人**会占据大半。

学生既有时间献血，也有足以承受献血的体力，而且血液
比较健康，所以是最合适的目标人群。

社会人士比较忙碌，很难抽出时间去献血，而且在经济上
比较富裕，所以不像年轻人那样会被饮料、食物、小礼品等吸
引。在这类群体中，献血之人的占比估计不多。但是，这类群
体的数量又是最多的，共有 5000 万人左右。所以，必须要将他
们吸引过来。

家庭主妇的时间相对比较多，且对礼品的兴趣也比社会人
士高。但是，和社会人士以及学生相比，将主妇召集起来的机
会较少，很难将其作为目标人群。

老年人中无法满足健康指标的相对较多，而且他们更关心

自己的健康，会排斥献血。因此，无法将他们作为目标人群。

（C）1年的献血次数：制度上规定，每隔2～16周就可献1次血（间隔时间取决于献血的种类以及性别）。除了极少一部分人1年会多次献血之外，大部分人都不会定期献血。现在，似乎会给献血者发献血卡，并在上面做记录。等达到一定的次数后，会赠送纪念品以示表彰。

（D）平均1次的献血量：献血有"200毫升献血""400毫升献血"以及只抽取特定血液成分的"成分献血"3种。本题为了简化问题，不考虑成分献血。日本红十字会基本上会建议满足条件的人选择400毫升献血，以此来填补献血人数减少造成的空缺。

> **关键**
>
> 遇到可以进行因数分解的问题，最好养成先列出计算公式的习惯。和拥有多种分解方法的框架相比，因数分解的方法有限，所以更具说服力。

（iii）确定瓶颈

关于（A）国内总人口，可以采取少子化对策（增加日本人口）和接收移民（引进海外人口）两种方法。但这两种方法都是政策性问题，不是日本红十字会能决定的。

关于（D）平均1次的献血量，出于对健康的考虑，现在

400毫升的抽血上限很难再增加。而且，日本红十字会已经采取了措施，鼓励人们献400毫升，而不是200毫升。所以，能献400毫升血的人大多都会选择400毫升。这一方面的改善余地非常小。

综上，本案例将主要考虑剩下的（B）和（C）。

（B）献血率

根据（ⅱ）分析现状，本题的目标锁定为学生和社会人士这两个群体。

接下来，请试着从正负两个方面来思考一下献血时决策过程。

促进个人决定献血的**激励**包括**精神性**和**物质性**这两类因素。**精神性**的因素是守护输血之人的健康，即为他人奉献的满足感。**物质性**的因素包括每次献血都会收到的小礼品、献血满一定次数后可得到的纪念品、参加活动等。

阻碍个人决定献血的**限制**也有两类。**精神性**的因素包括时间成本、对损害自身健康的担心等。**物质性**的因素则是到献血

	精神性	物质性
激励	为他人奉献的满足感	小礼品、纪念品、参加活动
限制	时间负担、对损害自身健康的担心	到献血场所的交通费

地图：对献血动机的分析

场所的交通费。这些因素可总结到下表中。

因为献血者不够，所以大多数时候不需要等待太久。并且，为了确保医学上的安全，每个人的时间都规定在 30 分钟左右，所以很难再进一步缩短时间了。但是，如果献血的场所离自己比较近，就可以省下交通时间，令**限制**变小。

消除不安则需要举办大规模的宣传活动。关于去献血场所的交通费，因为各地都有献血的场所，大多数情况都是外出办事的时候顺便献血。因此，在交通上的花费也很少。

（C）1 年的献血次数

如何让来献血的人增加献血的频率呢？现在，会定期去献血站献血的人应该很少吧。日本红十字会给献血次数超过 10 次的人赠送纪念品。但是，如果目标群体对献血没有太大的兴趣，就很难实施这个方案，而且纪念品的价值也没有那么高，可能无法刺激他们再次前来献血。

（iv）制定对策

针对学生

1. 在学校号召献血，举办关于献血的讲座

可以去高中和大学做讲座，委托校方动员所有人献血。也可以让学生在体检的时候顺便检查血液，同时自愿献血。还可以通过学校的特别课程等，和学生一起探讨献血事业的意义。这也算是一种宣传活动，有助于加强献血者**为他人奉献带来的满足感**，消除**损害自身健康的担心**。

针对社会人士

2. 鼓励公司将献血作为一项 CSR^① 活动

如果公司申请了献血，可以派遣献血车过去，让员工进行集体献血。日本红十字会的官网可以公布以这种形式参与献血的公司名单，配合它们宣传 CSR 活动。事实上，确实也有公司将这样的活动放到了自己官网的 CSR 活动中。

针对两个群体

3. 提高小礼品、纪念品的价值，策划有吸引力的活动

可以考虑赠送更有价值的纪念品和礼品。另外，为了增加激励，可以策划偶像的慈善握手会、签名会、演唱会等活动，然后将献血列为参加活动的条件。

4. 提供舒适的献血空间和服务

为了让献血者感觉像是来到了咖啡馆，可以在献血的地方设置沙发、电视，提供占卜、按摩、美甲等各类服务。另外，献血的人必须按规定接受问诊和血压检查，此时，医生或护士可以提供简单的健康咨询服务。

（ⅴ）评价对策

接下来按照优先顺序，对上述对策进行排列。

---

① 企业承担的社会责任（Corporate Social Responsibility）的简称。

1. 在学校号召献血，举办关于献血的讲座

现在的年轻一代严重缺乏献血的意识，这个对策可以有效改善此状况。但是，因为不可以强制学生献血，所以要想办法让他们认识到献血的意义至关重要。

4. 提供舒适的献血空间和服务

现在的献血站的布置和医院十分相似，如果能够改变这种过于严肃的形象，创造出像咖啡店一样的舒适空间，人们可能会更愿意进入献血站。

2. 鼓励公司将献血作为一项 CSR 活动

近年来，CSR 活动变得愈加重要，所以部分同意实施该对策的公司应该能带来一定的效果。红十字会会派遣献血车前往公司，可以为忙碌的社会人士消除时间负担这个最大的"限制"因素。

3. 提高小礼品、纪念品的价值，策划有吸引力的活动

为了促使献血者再次前来献血，提供参加著名歌手的慈善签名会的资格，也许不是一个值得鼓励的最佳对策。因为当一个人不满足献血条件，却无论如何都想要参加慈善签名会时，他可能会隐瞒自己的健康状况或病历等，执意献血。最后容易导致献血者强行献血而倒下，或输血的人感染疾病。卖血的行为被禁也是出于这个原因。

<反省和今后的课题 >

- 关于全年的献血人数，中老年人群一直保持着零增长的状态，但年轻人的减少态势却十分显著，已经成为一个很大的课题。1998 年，10～30 岁的献血者大约有 300 万人，但 2008 年却只有 140 万人左右，不到 1998 年的一半（出自厚生劳动省的调查）。

- 日本红十字会为了防止卖血行为，停止将图书券作为礼品，转而开始提供各类服务。这样做可能是因为物品可以转卖，而当场享受的服务无法转卖，以此淡化其中的卖血性质。

| 案例 6 | 如何让网球社成功招到新人？ | 难易度 C |

进入 4 月后，大学的各个社团就会开始新生争夺战。网球社的种类有很多，请自行设定条件，并定义怎样才算作成功招到新人。

案例分析是四维宇宙

该如何为解决案例的流程排序呢？

案例的对策可以从**广度**、**深度**、**高度**、**速度**4个方面来评价。

广度是指考虑要素时是否有遗漏。比如考虑日本的猫咪时，只考虑养在家里的宠物猫是不够的，还应考虑野猫和宠物店里的猫。

深度是指分析时是否深入挖掘，是否找到深层的瓶颈。比如针对头痛这个问题，吃头痛药是一个很直接的对策，但这只不过是对症疗法而已。如果导致病人头痛的根本原因是人际关系，那么不解决这个深层瓶颈，头痛就会像打鼹鼠一样不断复发。

高度是指当回归原点俯瞰对策时，这个对策能否达到原本的目的。比如，酒店在接到很多关于等电梯的投诉后，采取了在电梯口放置镜子的措施。这是一个很好的例子。顾客在等电梯的时候，可以通过照镜子检查自己的装扮，所以投诉数量急剧减少。在这个案例中，采取措施的目的是减少顾客的投诉，而非加快电梯的速度。

速度是指如何快速地制定出兼具广度、深度、高度的对策。练习得越多，解决相似问题所需的时间就越短。

一般来说，新手会着重磨炼**广度**和**深度**，中级者会着重锻炼**速度**，而高级者则是在掌握这三项后磨炼**高度**。

也就是说，一开始的时候，会采用MECE分析法或深层挖掘，磨炼基础技术。随着练习量的增加，熟练度不断提高，解题速度也会越来越快。最后，能够站在更高的视角俯瞰问题。

就像这样，案例分析其实是一项在问题设定、有限的时间、有限的信息等各种条件的制约下，让 4 个要素实现最优化的知识格斗术。**高度、深度、广度**代表空间，**速度**代表时间。因此，案例分析也许是超越时空的**"四维宇宙"**。

课题 **7** 大学生如何在 3 个月内赚 100 万日元?

（ⅰ）确认前提

　　大四的学生吉永顺利通过面试，拿到了咨询公司的职位邀请。他的朋友，同样也是大四学生的长野，打算暑假去短期留学，但由于目前没有筹到费用，于是来向他咨询。他说："**必须在接下来的 3 个月内，赚到 100 万日元的留学费用。**"

　　长野现在是一个人住，周一到周五的 10 点至 15 点在大学上课，课余没有做兼职。请根据长野的个人情况，制定出花费最少的时间和精力却能赚到 100 万日元的方法。

（ⅱ）分析现状

　　先来感受一下 100 万日元这个目标金额吧。假设长野在这 3 个月内停掉所有课程，每天去便利店或麦当劳兼职。工作时间是早上 9 点到晚上 9 点，中午和晚上各休息 1 小时，时薪是 900 日元。那么，他 3 个月可以赚到 81 万日元（900 日元 ×10 小时 ×90 天）。很遗憾，即便这样做仍旧不够。更何况要去留学的长野学习非常认真，提出了尽量不要缺课的要求。

　　因此，为了在不缺课的前提下赚到目标金额，必须摸索出投资回报率更高的方法。

　　我将存钱的机制总结到了下面这张地图上。

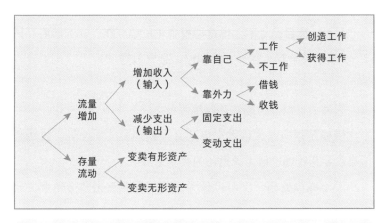

地图：存钱机制

首先，赚取 100 万日元的方法有两个：一个是**流量**增加，另一个是**存量**流动。

关于**流量**增加，可以从**增加收入（输入）**和**减少支出（输出）**两个方面加以考虑。

增加收入的途径有两个：一个是**靠自己**，即化费自己的时间、劳力和技能，获得金钱；一个是靠外力，即求助他人。

靠自己可以分为**工作**和**不工作**两种情况。工作又可以进一步分为**获得工作**和**创造工作**两种。

获得工作是指兼职等。**创造工作**是指出售自己的技能或创业。

另外，**靠自己**且**不工作**是指投资（股票分红、资本增值、拍卖）、娱乐性游戏（赛马、弹子球、彩票）等。

靠外力可以分为**借钱**和**收钱**两种。

借钱是指向家人借钱或申请必须返还的奖学金等。**收钱**是指收取零花钱或申请无须返还的奖学金等。

关于**减少支出**，支出可分为房租等**固定支出**和交通费、通信费、人际交往费、水电费等**变动支出**。

存量流动可分为**有形资产的流动**和**无形资产的流动**。前者是指出售二手书、游戏、CD、家具等；后者是指要回一次性缴纳的大学学费等。

下面就来思考一下长野的情况吧。

关于增加收入

首先是**增加收入**。长野是一个普通的大学生，还不具备通过技能和知识获得收入的能力。通过自己创业，**创造工作**不太现实。另一方面，社会上有各种兼职，因此，**获得工作**是比较合理的选择。

靠自己且**不工作**的途径怎么样呢？长野没有投资的本金，且缺乏金融知识，所以 3 个月内想要通过投资来赚钱比较困难。赛马、弹子球、彩票等娱乐性游戏需要常年积累的直觉，所以不适合长野。而且即便他很熟练，也会有风险，所以不能达到"保证能赚到钱"这个目的。

靠外力的途径也有很大的思考空间。向家人或财团说明缘由的话，说不定能借到一部分钱，或获得一部分资助（**收钱和借钱**）。

财团资助的审核时间较长，估计 7 月之前无法实现，并且也无法保证一定能通过。所以，这次就暂不考虑这个方案。

关于减少支出

固定支出有每个月 8.5 万日元的房租。长野家到学校单程要 2 小时，所以他在可步行到达学校的范围内租房，并请求父母帮他支付房租。

变动支出包含伙食费、人际交往费、水电费、燃气费等。伙食费每个月 3 万日元，水电燃气费每个月 8000 日元左右。另外，找到工作的大四学生时间比较多，每个月平均会在聚餐上花费 1.2 万日元。长野说，除了房租之外，父母每个月还会给他提供 5 万日元的生活费。

关于存量流动

关于存量流动，长野能够变卖的资产只有累积了 3 年的教材、游戏和 CD。

（iii）确定瓶颈

根据上述分析，我总结出了长野能够存钱的 4 个途径。

- **兼职**
- **搬回父母家，省下请求父母出的房租**
- **少参加聚餐**
- **存量流动（教材、游戏、CD 等）**

（iv）制定对策

确定长野能够存钱的途径后，吉永就向他传达了应该做的事情以及能达到的目标。

1. 兼职

长野曾经做过补习班的讲师，所以可以利用这个技能找一份家教的工作。家教可以只做 3 个月，并且时薪高。周六，长野选择去餐厅当服务员，虽然时薪没有家教高，但工作时间较长。

除此之外，他还找到了不需要特殊技能，但报酬不错的临床试验的兼职。他有两个选择，一个是大学心理学专业正在招募的心理学临床试验，一个是某制药公司正在进行的新药临床试验。后者看上去非常可疑，试验结束后，可能会损害身体。因此，为了不让留学计划泡汤，长野最终选择了安全的心理学临床试验。

2. 结束一个人生活，搬回父母家

可以和父母商量搬回家住，这样每个月就可以节省 8.5 万日元的房租，以此当作自己的留学费用。生活费可以请求父母继续支付。但住在家里后，可以省下伙食费和水电燃气费，剩下只需要考虑午餐费和交通费。

3. 少参加聚餐

长野很喜欢社交，刚入学时，同时加入了多个社团，现在仍和社团的成员有来往，所以平常聚餐很多。接下来他的生活会因为兼职而变得忙碌，可以暂时减少和他们来往。

4. 变卖自己的资产

长野在这 3 年里累积了 50 本专业课的教材，可以将这些教材以每本 1000 日元的低廉价格转卖给学弟学妹们，同时附赠应对考试的讲义和个别讲座。除此之外，也可以以定价 10% 的价格，将游戏软件和 CD 出售给二手店。

（ⅴ）评价对策

1. 兼职

家教：3000 日元 / 小时 ×3 小时 ×5 次 / 周 ×12 周 =54 万日元

服务员：1300 日元 / 小时 ×8 小时 ×1 次 / 周 ×12 周 = 12.48 万日元

心理学的临床试验：1000 日元 / 小时 ×3 小时 ×1 次 / 周

×12 周 =3.6 万日元

2. 结束一个人生活，搬回父母家

房租：8.5 万日元 / 月 ×3 个月 =25.5 万日元

除此之外，住家里可以节省部分伙食费和水电燃气费：

伙食费：1 万日元 / 月 ×3 个月 =3 万日元

水电燃气费：8000 日元 / 月 ×3 个月 =2.4 万日元

但是，因为要从家里去学校上课，所以 3 个月会产生 5 万日元的定期交通费。这个费用必须从获得的金额中扣除。

3. 少参加聚餐

人际交往费：1.2 万日元 / 月 ×3 个月 =3.6 万日元

4. 变卖自己的资产

书籍的均价是 1 本 2500 日元，转手卖掉的话，可以便宜 1000 日元，即 1 本平均价格 1500 日元。

卖书所得：1500 日元 ×50 本 =7.5 万日元

将上述额相加，可以存下 107.08 万日元。只要实施这些对策，就可以达成目标。

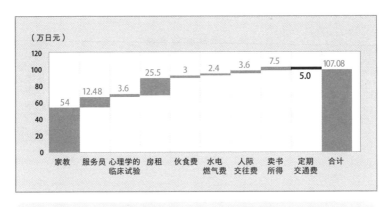

（万日元）

如何赚到 100 万日元：评价对策

3 个月后，在蝉鸣声不绝于耳的某一天，吉永收到了长野寄过来的金门大桥的明信片。对自己的案例分析能力更加自信的吉永，微微露出了笑容。

< 反省和今后的课题 >

- 这个案例没有对对策进行评价和排序，并决定最终实施哪项对策，而是为了达成目标，选择同时进行所有对策。在解决现实生活中的很多问题时，为了达成目标需要施行多个对策。因此，当发现单个对策的成本相对较小时，可以考虑实施多个对策。
- 委托人提出的条件是"必须确保赚到 100 万日元"，所以进行风险对冲很重要。这样一来，哪怕本次设定的任意一个收入源因为某种原因而不得不终止时，也不会影响最终的结果。

如何提高保龄球的分数?

假设吉永的朋友高桥现在的保龄球分数是 85 分,他想要用 3 个月的时间,将分数提高到 170 分。请和本节的案例一样,将自己当作吉永,并为高桥提出建议。本题中,将左右保龄球得分的要素制作成地图是关键。当然,你可以自由设定高桥的情况。

▲ 我是在笔记本上解决案例分析问题的。习惯之后,请一边计时一边练习,这样有助于提高解题的速度。

课题 8 如何提高英语口语能力？

难易度 A ○

（ⅰ）确认前提

　　随着全球化的推进，英语能力已经成为广大商务人士的必备能力之一，有些公司甚至还需要托业成绩才能升职。对于很多日本人来说，如何提升应试英语中不涉及的口语能力是一大难关。

　　为了给充满不确定因素的将来做准备，本题请针对"如何提高英语口语能力"这个问题指出大致的对策。

（ⅱ）分析现状

　　首先，掌握一项技能一般会经历 3 个步骤，框架如下：

（A）学习→（B）空抡→（C）实战

地图：掌握技能的 3 个步骤

接下来通过这 3 个步骤提高英语的口语能力。

（A）**学习**：英语的口语学习包括**语法**、**词汇**和**发声** 3 个方面。前两者用来造句，后者是将句子说出来。这里的发声不仅指每一个单词的正确发音，还包括英语的节奏、高低起伏、重音等。

语法和词汇是语言学习的基础，这两方面如果掌握得不扎实，肯定无法说好英语。

针对这个步骤，我提出以下几个对策：

- 重新阅读高中的教材，背诵单词。
- 跟读纠正发音的教材。
- 收听电视或收音机中的英语讲座。

（B）**空抢**：从这个步骤开始，就进入**使用**上个步骤中已经**掌握的**英语技能阶段了。此时，必须真正发出声音说出来。

练习方法如下图所示。我采用了"**现实 / 虚拟**"×"**收费 / 免费**"这样 2×2 的表格。

形式＼费用	收费	免费
现实		
虚拟		

地图：练习方法的分类

一般而言，对实施方法进行分类时，"现实与虚拟"这个框架的通用性是非常高的。除此之外，本题还添加了收费和免费的维度，将练习的方法整理在一张表格中，这样有助于减少对策遗漏。

（iv）制定对策

接下来，列出所有对策。

现实 × 收费

• 参加英语口语课（学费比较贵，1 节课需要花费几千日元）。

• 加入社会人士的英语口语俱乐部。

• 报考带口语的资格证考试（英检或托业等）。

虚拟 × 收费

• 参加线上英语口语课（老师有菲律宾籍人士等第二母语者，并且价格低，25 分钟只需几百日元）。

现实 × 免费

• 1 个人练习（朗读或跟读）。

• 和外国朋友、有留学经验的朋友聊天。

• 加入英语口语俱乐部。

虚拟 × 免费

• 通过语音聊天软件和外国的朋友聊天。

（C）**实战**：和空抢一样，这个步骤也是**使用的阶段**。但不同的是，在空抢阶段，**说话**是**目的**；而在实战阶段，**说话**是其他活动的**手段**。

另外，在"**承担的风险**"方面，**实战（正式）**肯定比 **空抢（练习）**大。

实战的场合可分为**工作状态**和**非工作状态**（玩）。**工作状态**又可以进一步分为**输出**（工作）和**输入**（学习）。这里说的"输出""输入"不是英语的输出和输入，而是专业知识、技能、学术知识的输出和输入。

地图：实战的分类

积累实战经验不仅有助于提高口语能力，还能激发**学习**和**空抢**的动力。

工作状态 × 输出

• 加入处理海外事务的项目或部门。

• 进入和国外贸易往来较多的公司或内部外国人较多的公司。

工作状态 × 输入

- 留学。
- 通过阅读英语新闻或报纸，收集每天的信息。

非工作状态

- 去国外旅游。
- 和外国友人一起吃饭。

< 反省和今后的课题 >

- 本题把重点放在了英语口语的训练方法上。但实际上，如何维持训练的动力可能才是最大的课题。关于这点，请参考案例 9 "如何坚持跑步？"
- 本案例主要考虑的是口语的 "技能"。但自学英语并取得成功的人表示：敢于开口说英语的 "意愿" 也非常重要。掌握了技能后，人就会变得自信，产生意愿。意愿又可以助长学习英语的热情，增加说的机会，从而促进技能提升，形成良性循环。

案例 8	如何改善睡眠？	难易度 B

从躺到床上到离开床的这段时间都算作睡眠时间，请列出所有能够改善睡眠的方案。

（ⅰ）确认前提

在现代社会，为了健康或者为了变美，很多人都想要"变瘦"。市面上到处都是有关减肥的图书和杂志，甚至还出现了纳豆减肥等奇怪的方法。

为了不被庞大的信息所迷惑，请先思考一下减肥的机制。

（ⅱ）分析现状

减重的途径无非就是减少存量（脂肪等身体不需要的囤积物），或减少流量（热量的净摄取量）。

另外，减少**流量**的方式有减少**输入**和增加**输出**两种。

输入可通过下列公式计算：

摄入的热量 × 体内吸收率

摄入的热量是指从口腔直接进入人体的食物和饮料中所含的热量，可通过下列乘法公式计算：

饮食次数 × 平均1餐的量 × 一定量含有的热量

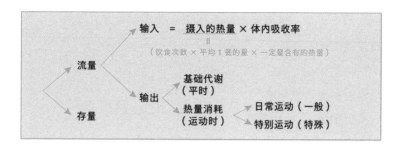

地图：减肥的机制

先使用"流量与存量"的框架，再使用"输入与输出"的框架，像这样从级别高的框架开始逐步分解。"流量与存量"的框架，对于改变存量（本案例中的体重）的课题尤其有效。

（iv）制定对策

针对饮食次数

• 不吃点心、夜宵等（但是，如果过度减少饮食次数，比如不吃早饭，那么午饭和晚饭的食量就会增加）。

针对平均 1 餐的量

• 谨遵吃饭八分饱（不要再来一碗）的原则。

针对一定量含有的热量

• 控制糖分：避免食用巧克力、冰淇淋等甜品类食物。少喝酒和饮料，多摄入水。

• 控制脂肪：制订"1 周最多吃 2 次油炸食品或肉类"等计划。

另一方面，**体内吸收率**是指摄入的食物经过胃肠时，作为热量被人体吸收部分所占的比率。

针对体内吸收率
• 服用中药或泻药。
• 通过针灸等方式改善体质。

输出分为基础代谢和热量消耗两种。前者是指日常消耗的能量，后者是指通过运动消耗的能量。另外，运动也可分为生活中自然而然产生的日常运动（**一般**），以及有意为之的特别运动（**特殊**）。

针对基础代谢
• 通过锻炼增加肌肉。
• 通过练瑜伽、服用中药等改善体质。

针对日常运动
• 用自行车或步行代替乘坐电车和出租车。
• 爬楼梯，不乘坐电梯。

针对特别运动
• 加入体育俱乐部或健身房。
• 周末和孩子一起踢足球。

最后，减少**存量**是指从外部强行去除脂肪等身体不需要的囤积物。

针对减少存量

- 做吸脂手术。但是，如果不搭配其他对策的话，几个月后就会恢复原样，无法从根源上解决问题。

< 反省和今后的课题 >

- 除了**身体**，**大脑**也会消耗热量。虽然有点难理解，但强迫自己进行脑力劳动，让**大脑**消耗热量，或许同样可以获得减肥的效果。
- 先分解成**存量**和**流量**，再将**流量**分解成**输入**和**输出**，这个方法也可以用来解决前文的"课题 7：大学生如何在 3 个月内赚 100 万日元？"
- 这道题主要列出了减肥的方法。至于该如何坚持，可参考案例 9（第 165 页）。

案例 9	如何坚持跑步？	难易度 B

你虽然下定了决心要跑步，却经常无法坚持。为了养成跑步的习惯，请先分解促使你跑步的动力。

第 3 部分

通过 9 个案例
强化解决问题的能力

接下来，再通过 9 个案例，进一步培养解决问题的能力。

制作地图时，你应该会有似曾相识的感觉，这就是作为"操作系统"的解题手法和作为"剑"的框架深入骨髓的证据。请一定要试着亲自动手解决问题。

（ⅰ）确认前提

养乐多女士是指饮料公司养乐多负责特定区域销售的女性员工，据说在日本有 4.2 万人（出自 2008 年末养乐多总公司官网）。

假设从小就很照顾你的养乐多女士 L 来向你咨询，"**为了获得更多的提成，应该如何提高销售额**"。

L 女士主要负责向家附近的个人客户推销产品。她每周都会拜访 1 次已签约的家庭，并送去 1 周的产品。另外，假设 L 女士只考虑独自推销，不想寻找帮手，增加人员。

（ⅱ）分析现状

首先对销售额进行因数分解。

地图：对销售额的因数分解

销售额 =（A）签约单数 ×（B）每单商品的平均数量 ×（C）商品的平均单价

增加（A）签约单数的方法有**开拓新客户**和**维护老客户**两种。其中，"开拓新客户"的人数可通过下列公式计算：

（D）工作时间 ×（E）1小时的拜访量 ×（F）签约率

关键

除了对销售额进行因数分解外，还列出了计算"开拓新客户"数量的公式。因数分解时，不必执着于将所有要素都归纳到一个公式。

另外，据说L女士深受老客户的信任，客户只要签约，就不太会流失。因此，在"维护老客户"这方面应该不会出现什么问题。

（iii）确定瓶颈

（B）每单商品的平均数量

养乐多和啤酒不同，不是嗜好品。很多人喝养乐多是为了保持身体健康，所以大幅增加购买量的可能性较小。

（C）商品的平均单价

养乐多不同产品线的价格差距会高达两三倍之多。如果能让客户购买价格较贵的商品，那平均单价就能提高很多。

（D）工作时间

影响新客户拜访数量最大的因素就是时间。但是，L女士是兼职，平常除了工作之外，还要料理家务，照顾孩子。因此，增加工作时间不现实。

（E）1小时的拜访量

用于开拓新客户的时间可以增加多少？如何在单位时间内

提高效率，拜访更多家庭？这两个是主要的课题。看来有必要在有限的工作时间内，缩短给老客户配送商品的时间。

（F）签约率

签约率低的话，即使增加了拜访数量，也无法获得太多新客户。签约率的高低主要取决于个人的能力，所以还有改善的余地。

（ⅳ）制定对策

1. 增加新客户的拜访数量 [→（E）1 小时的拜访量]

要想增加开拓新客户的时间，就必须想办法减少用于服务老客户的时间。可以先在地图上重新规划配送路径，然后试着说服客户一次性购买 2 周的量，这样配送商品的频率就可以从 1 周 1 次变成 2 周 1 次了。

客户一直从 L 女士那里订购养乐多，双方已经建立起了信任关系。如果说服客户一次性购买在保质期内消耗完的量，就可以适当地减少拜访频率，并且这样做也不会显得失礼。

这样多出来的时间，可以用来开拓新客户。

个人客户包括独栋住户和公寓住户。公寓住户之间的间隔比较近，能在短时间内拜访多个家庭，所以最好优先开拓拜访效率高的公寓住户（带有门禁的公寓除外）。

另外，通过公寓里的熟人介绍，逐步接触其他邻居这个方案怎么样呢？

2. 锻炼销售能力 [→（F）签约率]

销售能力可分解成下图：

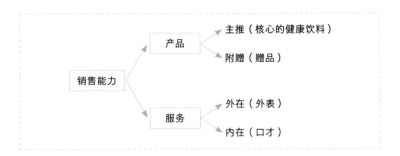

L 女士通过销售行为提供的价值，大致可分为物质和非物质两种。前者是**产品**，后者是**服务**。

产品可分为**主推**（即核心）的健康饮料（养乐多系列），以及**附赠**（巧克力、糖果、玩具等）。服务可分为**外在**（外表）和**内在**（口才）。

全国数百位养乐多女士的销售业绩存在较大的差距。**产品**是全国统一的，所以应该不是关键。**外在**（外表）确实是越端庄越好，但在推销养乐多时，应该也不是最重要的。

剩下的对策就只有改善**内在**（口才）了。纵观其他行业，销售员之间出现差距的主要原因正是口才。由此可见，这个结论是令人信服的。

具体来讲，就是需要通过商务类图书或研讨会学习基础的销售技巧，同时磨炼杀手锏，抓住客户的心，比如记住客户家庭成员的个人信息等。除此之外，还必须熟知产品信息，向客户阐明高端的产品和低端的产品的差别，引导他们购买高端产品。

（v）评价对策

下面按照优先顺序，对上述对策进行排序。

2. 锻炼销售能力

能否提高销售能力，完全取决于 L 女士的努力。老客户喜欢和养乐多女士交流，所以提高销售能力不仅有利于**开拓新客户**，还有助于**维护老客户**。

1. 增加新客户的拜访数量

养乐多女士不仅提供养乐多这种**产品**，还提供热情洋溢的**服务**。劝说老客户一次性购买大量的产品，然后将精力放在新客户的开发上，有可能失去喜欢和养乐多女士聊天的老客户。除此之外，养乐多需要冷藏保存，大量购买的话会占据较大的储藏空间，所以一般家庭都不会选择一次性大量购买。

< 反省和今后的课题 >

• 本题为了简化，在确认前提时，将销售对象限定为个人。但实际上，养乐多女士也有很多法人客户。如果要开拓新客户，最好也考虑一下单次购买量较多的法人，这样比较现实。

• 每个区域的养乐多女士的薪资构成都不一样，但基本是"时薪＋提成"。但是，养乐多女士除了工作外，还要兼顾家务和育儿，非常忙碌。她们是否会像本题预想的那样积极地跑业务，还有待考察。事实上，在常年的工作中，通过客户介绍逐渐增加新客户，或让老客户增加购买量，也可以慢慢提高销售额。

（ⅰ）确认前提

相扑是日本的国家级运动。鼎盛时期还出现过若贵兄弟①热潮，当时每场都要"满座致谢"。但随着热潮的退却，以及接二连三的丑闻，近年来，赛场上的空座日益多了起来。

2010 年夏季比赛的第 2 天，甚至出现了 4973 张余票。这是两国国技馆自 1997 年夏季比赛开始统计门票数量以来，观众最少的一场比赛。

假设日本相扑协会来向你咨询该**"如何增加观赛人数"**，请思考一下振兴日本这项国家级运动的策略。

（ⅱ）分析现状

相扑协会每年会在东京、大阪、爱知、福冈 4 个地方举办 6 场比赛，每场比赛持续 15 天。

就电视的收视率来看，相扑的观众主要是 50～80 岁的中老年人。虽说日本现在已经步入了高龄化社会，但如果没有新一代的观赛者加入，情况只会越来越糟糕。因此，在本案例中，我想把年轻人定为目标群体。

---

① 日本知名的相扑选手，即花田虎上（第三代若乃花）和贵乃花光司，二人被称为"若贵兄弟"，曾在日本引起相扑热潮。

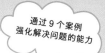

目标群体**年轻人**决定去观看相扑比赛前，会经历以下 3 个阶段。

地图：决定去观看相扑比赛前的决策过程（AIDMA 版）

（A）兴趣（Interest）→（B）欲望（Desire）→（C）行动（Action）

下面就按照这 3 个阶段来分析现状。

（A）兴趣（Interest）

所有日本人都知道相扑。但是，多数年轻人只会偶尔在报纸、电视、网页上浏览一下比赛结果或摘要。很多人只知道横纲等级的相扑力士，不了解大关级别以下的相扑力士。

为了让他们对相扑产生兴趣，首先要思考一下相扑的魅力是什么。

这里先将相扑分成**比赛**和**选手**两个方面。

比赛：比赛有**竞技**的一面，也有**娱乐**的一面。前者纯粹是一项运动中参赛者决一胜负所带来的乐趣。而后者在某种意义上，是格斗术这种娱乐方式带来的乐趣。就电视的收视率来看，除了横纲等级或其他等级的著名相扑力士的比赛之外，观众们的反应都非常平淡。无可否认的是，和棒球、花样滑冰等运动相比，相扑确实缺乏受众人喜欢的**娱乐**性。

选手：和**比赛**一样，**选手**也需要同时具备竞技者的**强大体**

能和表演者的**趣味性**。比如，朝青龙独特的采访、高见盛华丽的表演，可以说提高了相扑力士的**趣味性**。

将上述内容整理成地图，结果如下：

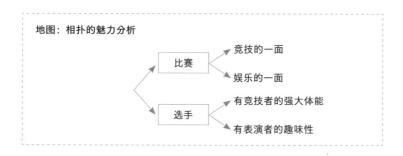

地图：相扑的魅力分析

比赛 → 竞技的一面
比赛 → 娱乐的一面
选手 → 有竞技者的强大体能
选手 → 有表演者的趣味性

关键

其他运动和游戏也可以使用"比赛与选手"的框架，但"比赛"和"选手"下面的等级就需要具体问题具体分析了。

（B）欲望（Desire）

提高相扑的魅力，通过媒体让年轻人对其产生**兴趣**后，下一步就该进入吸引他们去现场观看比赛的阶段了。

去现场近距离观看比赛，不仅可以感受到强烈的冲击力（比赛），还能近距离接触相扑力士（选手）。这就是现阶段去现场观赛的好处。如果购买的是昂贵的池座，不仅能在宽大的座位上品尝便当，据说还能领取精美的礼物（仙贝、豆沙水果凉粉、和果子①、茶杯、毛巾、日历、酒等）。

---

① 日本特有的一种点心。

118

但是，只有去现场才能获得的好处很少。

（C）行动（Action）

每个地方的比赛场所都是固定的（东京是两国国技馆，大阪是大阪府立体育会馆）。上午 8 点开场，下午 3 点 50 分幕内等级的相扑力士进入赛场，下午 6 点结束。这个时间安排对工作日的社会人士非常不友好。

价格的设定范围比较广，最低的是 3600 日元（两国），最高的是 14300 日元。相扑比赛没有儿童票，年满 4 周岁观赛需要购买门票。

（iii）确定瓶颈

根据上面的现状分析，我列出了 5 个课题。

娱乐性

和其他人气较高的运动相比，相扑缺乏"娱乐性"。第一次观看比赛的人在观看后很难产生兴趣。

相扑力士的个性

不论好坏，个性独特的朝青龙退役后，现在的日本相扑界可以说非常缺乏个性鲜明的明星相扑力士。

仅限现场观赛的活动

观众近距离观看比赛自然是去现场的魅力之一。但如果能进一步增强去现场的魅力，应该能吸引更多的人。比如，日本职业棒球队的新星——东北乐天金鹫，为了吸引家庭观众，将球场改造成了可以让全家人一起玩耍的主题公园。

比赛、电视转播的时段

无论是工作日还是周末，相扑的比赛都是上午 8 点开场，下午 6 点结束。与此同时，电视转播则是从下午 3 点播到 6 点。如果是工作日，就只有老人和孩子能去现场观看，其他人甚至无法观看电视转播。

票价

最低的票是 3600 日元，确实不算太贵。现在观赛的主要群体是相对富裕的老年人，对他们而言，这个票价很合适。但是对相扑没有太大兴趣的群体或年轻人，可能会觉得票价昂贵。再看日本职业足球联赛、职业棒球联赛的最低票价，中小学生是 500 日元左右，成人是 1000～2000 日元不等。由此可见，相扑的票价其实挺贵的。

（iv）制定对策

1. 引入其他运动的策划方法

在电视上播放时，可采用民营电视台播放体育节目的形式，比如在比赛开始前，先回顾过去的对战史，打造"宿命的对决"这样的噱头。另外，除了平常的比赛外，还可以做一些特别策划，比如按照部屋或籍贯举办团体赛等。

2. 培养有个性的相扑力士

可以给有潜力的相扑力士配备制作人，积极地鼓励他们录制电视节目、拍摄广告，或像高见盛一样展现华丽的表演，以此塑造他们的个性。对战前，介绍各个相扑力士的背景故事，能够让人们对不认识的相扑力士产生亲近感。另外，对于有人气的相扑力士，可以成立粉丝俱乐部、贩卖周边等，像支持明星一样支持他们的活动。

3. 给现场观众发放粉丝福利

可以增加粉丝福利，比如让幕内等级的相扑力士迎接观众的到来、目送观众离开、签名等。也可以像职业棒球团一样，在当天的比赛开始前或结束后，为来观看比赛的家庭提供和相扑力士面对面交流的机会。

4. 更改比赛、电视转播的时间

可以将工作日的比赛时间向后顺延 3 个小时，即 6 点 50 分幕内等级的相扑力士入场，9 点结束。这样社会人士就可以在下班后去观看了。电视转播如果无法调至黄金时段，那么除了 NHK 综合频道之外，是否也可以放到教育频道播放呢？

5. 为年轻人提供打折门票或免费门票

为了吸引年轻人来观看，可以为 30 岁以下的人提供最低价 1000 日元门票。另外，为了培养将来的相扑粉丝，可以为中小学生免去门票，或者免费招待修学旅行的学生。

（v）评价对策

下面按照优先顺序，对上述对策进行排序。

5. 为年轻人提供打折门票或免费门票

先吸引年轻人观看比赛，为他们制造观看相扑比赛的契机，这一点很重要。虽然多少会影响销售额，但日本相扑协会每年都会有 1 亿～3 亿日元的收益，属于优良法人。所以，减少的销售额就当作对将来的投资，并不会造成太大的负担。

3. 给现场观众发放粉丝福利

通过和相扑力士的交流，营造美好的记忆，从而增加相扑力士的粉丝。这样一来，他们再次来现场看比赛的可能性就会变高。但是，粉丝福利的发放应循序渐进，一点一点增加，以免给现役相扑力士增加心理负担，影响他们比赛。

4. 更改比赛、电视转播的时间

这次的目标群体是年轻人，这个对策应该可以吸引其中部分社会人士。但是，如果时间太晚了，可能会失去占据现有观众一大半的老年人观众。请先在一个比赛场馆实验几次，看是正面影响大还是负面影响大。

1. 引入其他运动的策划方法

这个对策和相扑传统的一面相悖，所以一不小心，就可能招来部分保守观众的逆反和抵制。另外，现在对相扑不感兴趣

的群体是否会因为这个对策而产生兴趣，也是不确定的。

2. 培养有个性的相扑力士

相扑连振臂欢呼都禁止，所以鼓励表演的对策肯定也违反相扑的传统，会遭到限制。另外，相较于实力强劲的相扑力士，没有实力却"以个性取胜"的相扑力士可能很快就会被淘汰。

< 反省和今后的课题 >

• 平衡传统和改革果然是一个世纪难题。可以参考其他运动采用的方法，但不能完全照搬。

• 招揽外国游客也是个不错的策略。可以将观看相扑比赛作为日本观光旅游中文化体验的一环，以此确保海外游客在观众中的占比。

• 现在的相扑界，既没有横纲等级的日本相扑力士，也缺少亮眼的日本年轻相扑力士。这也是相扑越来越不受关注的原因之一。因此，也许应该有组织地加强对日本相扑力士的培养。

（ⅰ）确认前提

20 世纪 80 年代后期到 90 年代前期，日本掀起了滑雪的浪潮。但后来受到经济不景气的影响，滑雪行业也开始走下坡路，滑雪人次不断减少。2008 年，日本全国的滑雪人次总计约 3 亿，还不到 1994 年的 40%。

滑雪场是山区冬季的一大产业，可以为地区创造很多就业机会。因此，请思考一下该如何振兴滑雪产业。

假设长野县 S 高原滑雪观光协会的会长来向你咨询，该"**如何增加滑雪场的滑雪人数**"。这里的滑雪人数是指**全年的总滑雪人数**。

（ⅱ）分析现状

先将全年的总滑雪人数分解成下列乘法公式：

地图：对全年的总滑雪人数的因数分解

全年的总滑雪人数＝（A）选择在日本滑雪的游客数 ×（B）S 高原的选择率 ×（C）平均每人的滑雪次数

在上述公式中，要想增加（A）选择在日本滑雪的游客数，

只依靠 S 高原自身的努力是不够的。

S 高原推出了低价的服务，受到很多年轻人的喜爱。因此，S 高原的重复利用率超过了全国滑雪场的平均水平，高达 30%，（C）**平均每人的滑雪次数**还是比较多的。

但是，考虑到少子化的影响，以及作为娱乐休闲活动的滑雪在年轻人中的人气持续下滑，如果不改变目标群体的话，长远的发展将会受到限制。因此，本题会将重点放在（B）**S 高原的选择率**上，希望能够开发出新的顾客群。

S 高原现在已经和旅行公司、大巴公司合作，在城市里设置了廉价的旅游巴士。主要的游客是大学生以及 20～39 岁年轻的社会人士。

下面用职业、同行情况（个人、和朋友、旅行团、和家人）、熟练度、地区（国内、海外）4 个轴，对所有滑雪的人进行分类。我去过 S 高原，所以根据自己的经验总结了来滑雪的各类群体的占比，从高到低，分别用 ◎、〇、△、× 来表示。用蓝框圈出来的就是目标群体。

地图：来 S 高原滑雪的人群分类

	学生			社会人士			和家人		国内
	个人	和朋友	旅行团	个人	和朋友	旅行团		×	海外
零经验者/新手	×	△	△	×	〇	△	△		
中高级者	×	◎	〇	△	◎	〇	〇		

滑雪的游客中，中高级别的人较多，新手群体有开发的余地。

和其他旅游景点一样，几乎不存在独自一人来滑雪的游客，和朋友一起来的游客最多。旅行团和家庭的客单价较高，所以希望可以进一步吸引这两类群体。

接下来换个视角，从日本游客和外国游客的框架来思考。和成功引入外国游客的其他滑雪场（北海道新雪谷等）相比，S高原的外国游客数量很少，占比不到10%。从长远的角度来看，来自中国南部、东南亚等日本周边不下雪的国家和地区的游客呈持续增长的趋势。因此，应该想办法吸引他们来滑雪。

目标群体已经明朗了。接下来，就按照游客决定来S高原前会经历的3个阶段来分析一下现状吧（此处用的不是AIDMA，而是4P）。

地图：决定来 S 高原前的决策过程（4P 版）

（D）知道（Promotion）→（E）想去（Product）→（F）能去（Place/Price）

（D）知道（Promotion）

这个阶段的课题是如何让目标群体知道 S 高原的存在。

可以通过旅行社进行**间接宣传**，也可以由滑雪场自己进行**直接宣传**。

现在，S高原的多个滑雪场几乎都是通过旅行社宣传的（间接宣传）。一般会在大学的大学生协会和旅行社放置传单，张贴海报，或者在旅游网站上投放广告。日本国内应该很少有人不知道S高原吧？

针对海外市场，S高原采取了直接宣传，即运营英文版的官网。但是，S高原在海外没什么名气，所以很少有外国人浏览。

（E）想去（Product）

要想让滑雪者产生强烈"想去"的欲望，还需要依靠S高原拥有的滑雪场，即**内容（Product）**。

S高原提供的**内容**有**双板滑雪/单板滑雪**和**住宿**两种。**双板滑雪/单板滑雪**的考察要素主要有路线的多样性、雪的质量、去往滑雪场的交通等。根据点评网站的评价，S高原的滑雪场并不比其他滑雪场差。**住宿**方面主要考察的是旅馆和酒店的质量、服务、温泉、周边环境等。S高原拥有丰富的温泉设施，但目前滑雪场和温泉还没有展开合作。

（F）能去（Place/Price）

这一步主要考察去往S高原的交通便捷性和价格。

短住的游客除了乘坐从各个城市出发的旅行大巴外，还可以乘坐电车、专线巴士或自己开车。除此之外，也有部分游客会在附近的度假别墅长住。

住宿有类似于民宿的设施，3 天 2 晚只需 1 万日元，非常便宜，也有 1 晚 2 万～5 万日元的酒店。因此，住宿费还是有一定弹性的。

（iii）确定瓶颈

根据上述分析，我列出了团体游客、家庭游客、新手游客、海外游客 4 个目标群体的瓶颈。

直接招揽团体游客

关于**团体游客**，针对小学、初中、高中的旅行，大学的社团活动，社会人士滑雪俱乐部等，直接招揽比较有效。

然而，现实是 S 高原把所有宣传工作都委托给了旅行社等（间接宣传）。但自己亲自出去跑业务（直接宣传），可以酌情处理很多问题，所以值得考虑。

内容的魅力

现有的内容无法吸引儿童、新手游客这类新的目标群体。另外，现在民宿的入住者主要是学生和年轻的社会人士，价格比较低廉，无法吸引客单价相对较高的家庭游客和海外游客。

在海外游客中知名度不够，魅力不够

现在，在来日本滑雪的海外游客中，S 高原的知名度远低于新雪谷等滑雪场，知名度几近于零。除此之外，和日本其他滑雪胜地相比，S 高原也没有展现它独有的价值。而且，似乎也没

有和海外的旅行社合作。

（iv）制定对策

1. 加强对团体游客的招揽

可以和旅行社合作，前往当地或城里的小学、初中、高中、大学以及社会人士俱乐部等，积极地招揽学生、年轻的社会人士等现有的顾客群体。这类在乎价格的群体，应该会接受 S 高原已经很成熟的低价路线。

2. 为家庭游客和新手游客增添新的内容

可以利用雪充实除了滑雪以外的活动，比如举办儿童喜欢的滑雪橇、冰雪节、打雪仗等活动。另外，为了让儿童和新手爱上滑雪，还可以开设免费的滑雪课程，举办大规模的滑雪比赛等，为将来播撒种子。今后，为了吸引客单价较高的家庭游客和海外游客，也可以考虑引进中高级的度假酒店。

3. 为海外游客制作旅行企划

为了提高知名度，可以考虑和海外的旅行社、滑雪网站、杂志等建立合作关系。

现在，S 高原针对国内年轻人的廉价旅行企划已经相当成熟了，所以可以原封不动地应用于亚洲新兴国家的中等收入群体。另一方面，针对高收入群体，可以提供私人滑雪场、一对一课程、商务套房等高级旅行企划。除此之外，S 高原附近还有温泉街、神社、寺院等，距离东京也只有 1.5 小时的车程（新干线）。

因此，也可以在旅行企划中加入这些地方的游览，为外国人提供超越"滑雪旅游"的价值。这样一来，就可以区别于其他滑雪场，发挥出自己的特色了。

（ⅴ）评价对策

下面按照优先顺序，对上述对策进行排序。

2. 为家庭游客和新手游客增添新的内容

这个对策放眼于未来的市场，有助于挖掘缺乏滑雪经验的儿童和新手。引进度假酒店可能非常困难，但可以策划、宣传合适的娱乐项目，如果效果好，也可以吸引家庭游客和新手游客。

3. 为海外游客制作旅行企划

对于海外市场较大的北海道旅游，S高原可以将滑雪和温泉或游览东京结合起来，实现差别化。现在，海外滑雪游客这块蛋糕没有国内游客的大，但越早开始着手，占据的市场份额就越大。

1. 加强对团体游客的招揽

一直以来，团体游客都是依靠旅行社招揽的。今后，S高原自己也要积极地招揽团体游客。如果能够签订长期合同，就可以给滑雪场带来稳定的收益。但是，一直以来都依靠间接招揽的滑雪场，缺乏销售技巧，而且学校等团体大多都和旅行社签

订了长期合同，所以想要插入其中，也许很困难。

<反省和今后的课题＞

- 为了"春季滑雪"，滑雪场春天也会开放，但游客却不多。因此，是否可以提出"因为春季滑雪场游客较少，所以新手可以放心滑"来宣传春季滑雪呢？

- 海外游客来日本时，语言也是一个问题。这一点我在上文没有提及。成功招揽到海外游客的新雪谷，在小镇的各个地方（尤其是医院）都配备了使用语音通信软件的翻译服务，以此解决了语言问题。

（i）确认前提

在日本，交通事故造成的死亡人数正在逐年减少。但 2008 年，依旧有 4962 人因为交通事故而身亡。也就是说，平均每天都有约 14 人死于交通事故，交通事故可谓身边的风险。

假设为了进一步改善情况，国土交通省来向你咨询该如何减少交通事故的数量。请回到原点思考一下**"怎样做才能减少交通事故"。**为了简化问题，本案例仅讨论机动车（四轮、二轮）的事故（机动车和机动车、机动车和自行车、机动车和行人、机动车和物品）。

（ii）分析现状

先在脑内情景模拟一下发生交通事故的场景，几乎都是汽车和人在马路上（基础设施的一部分）相撞。

因此，我将交通事故分解成了汽车、人和交通基础设施 3 个要素。

汽车可以从**质**（汽车的安全品质）和**量**（汽车的总量、交通量）两个方面加以考虑。人可以分为**驾驶人**和**行人（成年人与孩子）**。交通基础设施是指道路、红绿灯等设施。

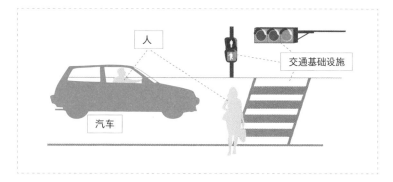

关键

制作地图时，想象一下发生交通事故时的场景，并在大脑中描绘出来，这样就可以毫无遗漏地列出所有相关要素了。

根据上述信息落实到一张地图上，结果如下：

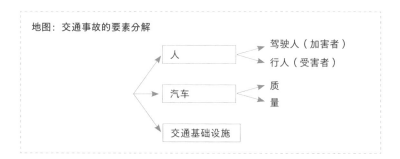

（iii）确定瓶颈

　　日本的汽车质量是世界首屈一指的，所以**汽车**的**质**应该不会有太大问题。**量**包含两个因素：一个是单纯的**汽车数量**，一个是体现路上汽车密度的**交通量**。减少**汽车数量**不现实。至于**交通量**，学校附近等事故多发地段已经开始限制汽车通行。

第二次世界大战后，日本花费很长的时间来完善**交通基础设施**的建设。从城市到农村，基本的**交通设施**一应俱全。不会像某些国家那样，出现没有铺路或没有在应该安装红绿灯的地方安装这样的情况。

因此，本题只需考虑**人**。

首先来看**行人**。像中小学生那样正值爱玩年龄的孩子，通常都缺乏安全意识，没有防备，而且走路或奔跑的机会也比乘坐地铁或汽车的大人要多，所以他们遭遇交通事故的概率相对比较高。但另一方面，学校和父母又可以对孩子进行统一的教育指导，所以可控性也比较高。

因此，本题的**行人**，主要考虑**孩子**。

接下来讨论**驾驶人**，发生交通事故的原因可分为**不知道规则**和**知道规则，但没有遵守**两类。后者又可以进一步分为**故意**和**过失**两种情况。**故意**是指酒驾、超速、闯红灯、开车时使用手机等。**过失**则指单纯不小心、漏看标志、踩错加速踏板和制动踏板等。

日本很少有人无证驾驶，几乎所有驾驶人都有驾照，因为**不知道规则**而引起交通事故的人极少。因此，在**知道规则**的前提下，**故意**违法的行为和**过失**行为是本题的瓶颈。我听说近年来，高龄驾驶人和专职驾驶人的**过失**正在增加。所以，请针对

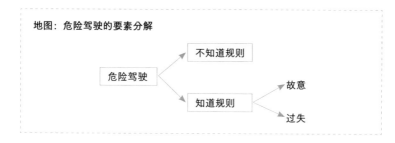

这些情况思考对策吧。

（ⅳ）制定对策

1. 对孩子实施彻底的交通安全教育，守护他们上下学（→行人 × 孩子）

对于步行的**孩子**，学校可以加强交通安全教育，PTA① 的家长和地区的居民可以守护他们上下学等。

2. 严格惩罚违反交通规则的行为，提高逮捕率（→驾驶人 × 故意）

对于酒驾、超速等有可能造成重大事故的罪，可以进一步加强惩罚力度。同时，也可以动员调查员加强盘查，以此提高警察的逮捕率。

3. 导入警告、警报系统（→驾驶人 × 过失）

在事故多发地段播放警示广播，或放置唤起人注意的警示

---

① Parent-Teacher Association 的缩写，译为家长教师联合会，是家长与老师之间的联络组织，性质上属于社会教育关系团体。

牌怎么样呢？或者，也可以根据事故多发地段的地图，制作车内导航。每当靠近这些地段时，导航就会自动发出警告。

4. 收回老年人的驾照（→驾驶人 × 过失）

对于到达一定年龄的老年人，定期测试他们的驾驶能力。如果不及格，就强制没收他们的驾照，或让他们自愿上交驾照。但是，收回驾照时，一定要向他们确认是否有替代的交通方式（电车、公交车、乘坐其他人的车），以免对他们的生活造成不便。

5. 改善长途驾驶人的工作环境（→驾驶人 × 过失）

为了防止彻夜超长时间驾驶造成交通事故，可以针对驾驶人的工作环境提出改善的方案。

（ⅴ）评价对策

下面按照优先顺序，对上述对策进行排序。

1. 对孩子实施彻底的交通安全教育，守护他们上下学

针对**孩子**的对策，比如 PTA 的家长和地区的居民在十字路口等重点区域加强保护等，应该能取得不错的效果。

2. 严格惩罚违反交通规则的行为，提高逮捕率

对于酒驾、驾驶时使用手机、超速等**故意**的违法行为，法律已经加重了惩戒力度。一旦驾驶人出现这些行为，就会被处

以危险驾驶致死伤罪。另外，能分配给处理交通犯罪的警力也
是有限的。

4. 收回老年人的驾照

随着高龄化的加剧，今后，由注意力下降的**老年人**引起的
交通事故预计会越来越多。但是，老年人很少会长途驾驶，也
不会像年轻人那样随意违反交通规则。而且，他们大多都在交
通流量少的农村开车，所以目前由他们引起的交通事故其实并
不多。

3. 导入警告、警报系统

已经在高速公路和容易发生交通事故的十字路口等地，引
入了类似的系统。关于汽车导航，虽然开发费用不多，但基础
设施建设需要投入大量的设备成本，所以应先根据以前的导入
案例算出投资回报率，再局部实施。

5. 改善长途驾驶人的工作环境

长途驾驶人引发的交通事故数量比老年人的还要少。另外，
过去专职驾驶人引发的事故引起全社会的关注后，已经对驾驶
人的工作环境进行了改善。

< 反省和今后的课题 >

• 根据警察厅发布的《交通事故发生状况（2004 年）》，在
  所有事故中，大约 85% 是车辆之间的事故，10% 是人车

事故，5% 是汽车单独的事故。如此看来，比起**行人，驾驶人**似乎是更大的瓶颈。

• 请具体看一下交通事故死亡者的年龄构成。

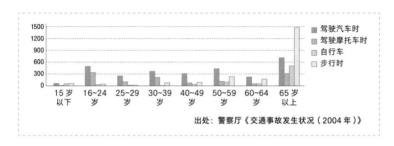

出处：警察厅《交通事故发生状况（2004年）》

驾驶汽车时发生事故的人中，65 岁以上的老年驾驶人和 16～24 岁的新手驾驶人比较多。出人意料的是，老年驾驶人引发的事故还挺多的。另外，65 岁以上的老年人在步行时发生事故的数量尤为突出，远远多于 15 岁以下的孩子。这和上文设定的瓶颈好像有较大的出入。

| 案例 5 | 如何减少盗窃？ | 难易度 B |

（ⅰ）确认前提

根据警视厅发布的资料，2007 年盗窃造成的金钱损失预计有 670 亿日元左右。2008 年电话诈骗造成的金钱损失大约是 60.7 亿日元，所以盗窃造成的金钱损失大约是电话诈骗的 11 倍。

假设深受盗窃所害的当地某超市来找你咨询"**如何减少盗窃**"。

盗窃给超市造成了重大的损害，所以请思考对策，帮助超市消除盗窃。

另外，这里的盗窃是指顾客在小卖部的盗窃行为，不包括盗窃团伙有组织的犯罪以及员工的犯法行为（监守自盗）。

（ⅱ）分析现状

首先将盗窃数额分解成下列乘法公式：

地图· 对盗窃数额的因数分解

盗窃数额 =（A）盗窃次数 ×（B）成功率 ×（C）单次盗窃的商品数量 ×（D）商品的平均单价

据店主反映，60%～70% 的盗窃者是初高中学生。他说如果抓到的盗窃者是社会人士、家庭主妇或老年人，那他肯定会报警，所以最近这几类群体的盗窃行为渐渐少了。但是，如果抓到的盗窃者是初高中的学生，那么他会先教育 30 分钟左右，等他们付完钱后，再让其自行离开。因此，最近该超市附近的初高中学生的盗窃现象变得越来越严重，仿佛是在玩游戏一样。本题的目标人群就是初高中学生。

现在，这家超市安装了 3 个监控摄像头，监控范围可以覆盖整层楼。除此之外，还设置了防盗门。但是，在店内工作的 5 个店员还是无法及时发现盗窃行为。而且商品陈列杂乱无章，有很多监控死角，清洁工作也没做到位。这也是盗窃的诱因之一。

接下来，请试着分解一下盗窃者的动机。

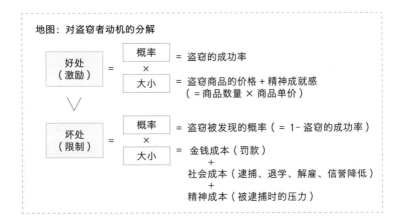

地图：对盗窃者动机的分解

好处（激励）= 概率 × 大小
概率 = 盗窃的成功率
大小 = 盗窃商品的价格 + 精神成就感（= 商品数量 × 商品单价）

∨

坏处（限制）= 概率 × 大小
概率 = 盗窃被发现的概率（= 1 - 盗窃的成功率）
大小 = 金钱成本（罚款）+ 社会成本（逮捕、退学、解雇、信誉降低）+ 精神成本（被逮捕时的压力）

关键

这个框架是从概率和大小两个方面来权衡好处和坏处。鼓励或抑制人的某种行为时可以使用。

现在，对盗窃者而言，盗窃的好处大于坏处。超市为了降低 **(A)盗窃次数**，必须想办法减少盗窃的好处，增加盗窃的坏处。

（iii）确定瓶颈

在对盗窃数额的因数分解地图中：

(A)盗窃次数是消除盗窃时必须考虑的要素。

(B)成功率降低，意味着被发现的概率增大，这有助于减少 **(A)盗窃次数**（请参考上一页的图）。可以说店内的防盗系统非常重要。

(C)单次盗窃的商品数量难以控制，很难在这一点上有所作为。

降低 **(D)商品的平均单价**，也就是说，将贵价商品放置在难以触及的位置，有利于减少盗窃的好处，进而减少 **(A)盗窃次数**。

（iv）制定对策

1. 严格惩罚并通报批评 [→（A）盗窃次数]

这个对策可以强化盗窃的坏处。发现有学生盗窃时，立即报警并通知学校，请求学校对该生处以停课或退学的处分。另外，也可以让学校通报处分，或在店内张贴便笺纸或海报，告诫前来购物的初高中学生。

2. 宣扬盗窃的负面影响 ［→（A）盗窃次数］

这个对策可以减少盗窃的好处。如果可以让学生们深刻地意识到盗窃不是一件光荣的事情，也许就能降低他们的精神成就感。

3. 加强巡视，改善店内环境 ［→（B）成功率］

监控摄像头无法覆盖所有角落，所以可以让店员加强死角区域的巡视，并鼓励他们和顾客视线相对后精神饱满地打招呼。如有必要，也可以雇用专门防止盗窃事件发生的保安。

另外，还可以通过改变超市的布局和商品陈列，增强照明以及全方位打扫，让店铺变得井然有序。这样一来，商店就会变得更加明亮开阔，从心理上抑制盗窃。

4. 保护高价的商品 ［→（D）商品的平均单价］

将高价的商品放在收银台前面或收纳在橱柜里怎么样呢？也可以在商品上贴防盗条码，这样将其偷带出去的时候，门口就会发出警报声。

（v）评价对策

下面按照优先顺序，对上述对策进行排序。

1. 严格惩罚并通报批评

便笺纸和海报能够立刻买到，将它们贴在店内显眼的地方，可以给盗窃者造成心理压力，从而放弃盗窃。关于学校的严惩和通报，学校应该也想要改善盗窃者屡禁不止的情况吧。所以这个对策和学校的态度是一致的，应该能得到校方的支持。

3. 加强巡视，改善店内环境

降低（B）成功率不仅可以直接影响盗窃数额，还能让盗窃者打消盗窃的念头，从而降低（A）盗窃次数，可谓一石二鸟。

4. 保护高价的商品

将高价的商品放在收银台前面几乎不需要花费任何成本，而且还能取得一定的效果。关于防盗条码，以超市贵重商品的价格来看，估计导入的成本会高于防盗带来的收益。

2. 宣扬盗窃的负面影响

可以采用和上述便笺纸、海报相同的方法宣传盗窃的负面影响，但效果估计不如上面的方法。因为学生觉得反抗规则和权力本身就是有意义的，强调学校、店家等"大人"的权威也许只会火上浇油。

< 反省和今后的课题 >

• 在便利店，店员监守自盗给店铺带来的损失有时候比盗窃还多。究其原因，估计是店员可以直接接触钱，导致每次

的偷盗金额都会很大，而且很难被发觉。

- 将激励、限制进一步分解为大小和概率的框架，通用性很高。但人们在现实生活中，是否会使用如此合理的判断基准还有待考察。

如何让网球社成功招到新人？

难易度
C

（ⅰ）确认前提

　　每年 4 月，大学的各个社团就会开始招新活动（以下简称招新），吸引大学新生加入。其中，拥有最多部门和成员的，当属让大学生活精彩纷呈的网球社。

　　在 3 月中旬阳光明媚的一天，网球社 X 的部长近藤来找吉永，请他"**帮忙制定招新策略**"。请运用上学时的经验，为他制定对策吧。

　　X 是个以大一、大二学生为主体的小型网球社。通常，每年都有 15 个新人名额，如果报名人数太多，大二的学生就会对他们进行面试（**选拔**）。但是，最近几年，每年的报名人数都只有 10 人左右，根本不用选拔。近藤说，今年的目标是招到名额的 2 倍，也就是 30 个新生。

（ⅱ）分析现状

　　首先，目标新生的类型取决于 X 的理念。

　　网球社的活动一般分为**网球（工作状态）**和**非网球（非工作状态）**。非网球是指聚会、派对、游乐园、郊游等娱乐休闲活动，以及交朋友、发展恋爱关系等社交活动。

　　吉永在和近藤吃饭时，详细地询问了 X 的理念和文化。近藤告诉他，和其他网球社截然不同，X 的宗旨是"质朴刚健"：

网球（工作状态）：非网球（非工作状态）= 8 : 2

了解了 X 的理念和文化后，吉永君决定进入锁定目标群体的阶段。

如前文所述，X 非常重视网球（工作状态），也很看重比赛结果。

近藤说，社团有部分成员在比赛中取得过很出色的成绩，但完全零基础的新人占了 20%～30%，所以社团整体的实力不算强。因此，这次招新想要优先考虑在比赛中取得过好成绩的有经验的新生。

综上，吉永按照优先顺序，将 X 招新的目标群体总结如下：

网球的魅力分析

技能 ＼ 意愿	加入意愿强烈	加入意愿淡薄
有网球经验	1	2
无网球经验	3	4

关键

对录用、教育等问题中的目标对象进行分类时，经常使用这个以"意愿和技能"为轴的 2×2 表格。

目标人群明朗之后，吉永就像之前一样，将他们决定加入

X 前的决策过程分成了 3 个阶段。

（A）注意 / 兴趣（Attention/Interest）

首先，必须通过推广（Promotion），让目标群体知道 X。

推广的方法可用 "**现实与虚拟 × 公共与个人**" 这个 2×2 的表格来说明。

推广的 4 个方法

	公共（一对多）	个人（一对一）
现实	官方说明会、校内海报、传单	当面游说
虚拟	官方说明会、校内海报、传单	个别邮件

现实是指直接见面交谈的方法，**虚拟**是指在线上介绍 X 的方法。**公共**是以一对多的形式，一次性让很多人知道的方法；而**个人**是以一对一的形式，让对方一个人知道的方法。

X 除了官方说明会之外，还使用传单和海报开展了大规模的宣传活动，所以认知度并不低。

（B）欲望（Desire）

接下来，为了让目标群体产生"想要加入"的欲望，事先必须以容易传达的方式巩固 X 的**内容**。然而，吉永储备的所有框架都无法完美地将其分解。正当不知如何是好的时候，他突然想起了之前在商务类图书中看到过的一个框架。这个框架列出了新人决定加入某个集团时，会考虑的 4 个以字母"P"开头的要素（不是营销学中的 4P 理论）。

理念（Philosophy）指组织的理念。X 的目标是在比赛中获得好成绩。为了招揽有助于达成这个目标的新成员而改变组织的理念，就本末倒置了，所以请不要改变理念。

活动（Profession）指体现理念的活动。X 的活动有两种：一种是**工作状态**的活动，也就是平时的训练和比赛；一种是**非工作状态**的活动，即各种名目的集会。

人（People）指成员之间的气氛和文化。X 作为一个网球社团，气氛比较严肃，所以新生可能会觉得成员都比较一本正经。

特权（Privilege）指加入组织后，可以获得的特殊权利的魅力。特权有两类：一类是 X 的外部没有，但只要加入 X，就可以获得的权利；一类是和 X 内部的其他成员相比，受到优待的权利。

（C）行动（Action）

最后，必须通过**交流**，将 X 的**内容**传达给目标群体。交流可以分解成**质**和**量**，也就是要花费多少时间（**量**），又能获得多少效果（**质**）。

X 会在新生说明会和官方说明会上派发传单，张贴海报。

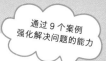
但这些都是常见的大众宣传手法，其他网球社也会采取这些方法。除此之外，不存在其他的对策了。另外，近藤提出：X 是以大一、大二的学生为主的社团，在人数上无法与网罗大学一年级到四年级学生的大社团相抗衡，所以在招新的人员投入上也是处于劣势的。

（iii）确定瓶颈

根据上述现状，吉永决定考虑改日将瓶颈及对策告诉近藤。

针对所有人
·成员的形象

一直以来，X 的成员都不太在意自己在新生眼中是怎样的形象，自然也没有展现出个人魅力。再加上社团整体呈现严肃的氛围，和其他社团相比，X 社团容易让人感到无趣。

·最后让新生决定加入社团的体制

X 在说明会、贴海报等大众宣传上下了很多功夫，但出现想要加入社团的新生后，却没有人负责去一对一讲解社团特点。也就是说，最后让新生下定决心的体制非常不健全。

针对加入意愿薄弱，但有网球经验的群体
·担心社团活动的负担过重，所以不愿加入社团

很多加入意愿淡薄的人最终放弃加入社团，是因为觉得训练指标、社团运营的事务性工作等会占据自己大量的时间，并

且还要付出社团活动费这样的金钱成本。因此，应根据个人对 X 的承受能力，制定所有人都可以加入的体制。

（ⅳ）制定对策

1. 加强成员的形象管理意识

可以让外表华丽、擅长社交的成员充当社团的门面，在官方说明会上担任讲解员。和找工作时的说明会一样，新生在这里对社团产生的第一印象具有决定性的作用。另外，有可能接触到新生的其他成员，也要事先准备好宣传话术，并且注意自己的外表。这些做法应该能发挥一定的效果。

2. 优待有网球经验的新生，减轻他们的负担

对于特别想得到的有网球经验的新生，可以降低他们的训练指标，减轻他们在社团运营的事务性工作上的负担，以此降低**限制**，防止他们加入后退团。同时，对他们而言，这些做法也算是一种**特权（Privilege）**，可以使他们获得优越感。除此之外，比赛前也要提前确认他们是否可以作为队员参加。

3. 提高决定加入前的交流频率

对于想要招揽的每个新生，可以分配一个专属负责人。在不会打扰到对方的前提下，负责人可以频繁地联系他们，有时候甚至可以指导他们如何选课或考试，以此建立信任关系。另外，也可以增加体验训练会的频率，或策划新生短期集训，加强 X 成员或同期新生之间的人际关系。

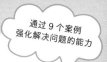

如果人员严重不足，那就将能够进行高**质**沟通的成员的时间（**量**），集中投给最重要的"**既有网球经验，又有强烈的加入意愿**"的新生。

（v）评价对策

根据上述情况，吉永最终按照优先顺序，向近藤提出了 3 个对策。

1. 加强成员的形象管理意识

重视比赛成绩的 X 在招新时营造出了略微严肃的气氛，让人敬而远之。这个对策具有很大的改善余地，不仅对所有的群体有效，而且实施起来也不困难，因为只需要选出接触新生的成员就可以了。

3. 提高决定加入前的交流频率

回顾自己上学时的经历，你就会发现很多学生最终都会在几个候补选项中犹豫选哪一个。针对这样的学生，频繁的交流有助于提高 X 的存在感，同时也能让不安的新生感受到令他们舒服的归属感。

2. 优待有网球经验的新生，减轻他们的负担

没有加入网球社的意愿，但有网球经验的人并不是最重要的目标群体，所以这个对策的优先度不高。另外，这个对策也会让没有网球经验的人感觉不公平，加入社团后，可能会引起

不必要的纠纷和冲突。因此，最好不要实施。

一开始的时候，近藤对吉永提出的对策有一些疑虑。但经过一番交流后，他最终同意了这些方案。看着近藤意气风发的背影，吉永露出了满意的笑容。

< 反省和今后的课题 >
• 这些对策和企业招聘应届毕业生时采用的对策应该是有共通点的，所以可以借鉴企业的招聘策略。
• 在女生少的大学，有些社团会优先招揽女性成员。之后，男生自然而然就会被吸引并加入社团。但是，这个对策不适合像 X 这样比较严肃的社团。

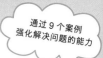

案例	如何提高保龄球的分数？	难易度
7		A

（ⅰ）确认前提

保龄球是上学时经常玩的娱乐项目。同时，它也是一项有职业联赛的运动。本题是要分析作为运动项目的保龄球该 "**如何提高分数**"。

吉永的同学高桥现在的保龄球分数是 85 分，他想要用 3 个月的时间提高到 170 分。为了实现这个宏大的目标，高桥来向吉永咨询提高分数的方法。据他说，他前几天和朋友一起打保龄球时，因技术差被嘲笑了，所以他想让获得 150 分最高分的朋友刮目相看。

（ⅱ）分析现状

先来看一下高桥现在的投球成绩。吉永君向他要了过去 10 次的计分表，并进行了分析。平均成绩如下图所示：

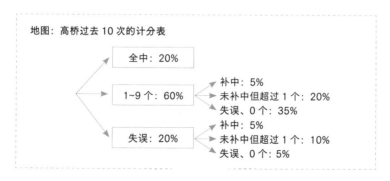

地图：高桥过去 10 次的计分表

全中：20%

1~9 个：60%
　补中：5%
　未补中但超过 1 个：20%
　失误、0 个：35%

失误：20%
　补中：5%
　未补中但超过 1 个：10%
　失误、0 个：5%

由此可得出下列结论：

- 第 1 球失误的概率是 20%，大幅拉低了分数。
- 第 1 球全中的概率是 20%，第 2 球补中的概率是 8.3%（5% / 60%），不到前者的一半。

要想达到高级者的水平，即平均分 170 分，就必须克服这两个缺点，并提高全中的概率，这是获得高分的关键。

除此之外，高桥每局比赛后半段的投球成绩平均在 35～40 分，相比前半段的 45～50 分有所下降。

接着，吉永运用自己擅长的地图化技术，列出了影响保龄球得分的所有要素。第一步先分解为代表玩家的**个人**和比赛的**环境**。然后用"**心理、技能与身体**"这个运动类的基本框架对**个人**进行进一步的分解。同时，将**环境**分为**人**和**物**两类。

第一个是**心理**。运动一般都需要有**斗争精神（Hot Heart）**和**平常心（Cool Mind）**。高桥自己坦言，无法提升后半段成绩的一个原因是当感受到压力的时候，他会慌张。也就是说，缺乏战胜压力的**平常心**。

第二个是**技能**，可分为**理论知识**和**实践技能**。

理论知识是指战略、战术，比如如何将球投到自己瞄准的地方，将球投到哪边，就可以全中或补中等。一直以来，高桥都是照着朋友的样子打保龄球的，所以几乎没有正确的**理论**

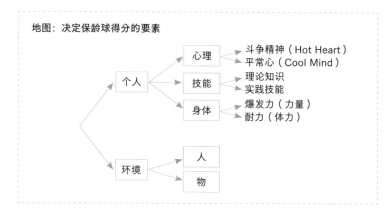

地图：决定保龄球得分的要素

关键

"心理、技能与身体"的框架虽然使用频率较低，但是解决运动相关的问题时，却很好用。身边的 3 字（4 字）熟语中，能用作框架的多到令人意外。

知识。

　　实践技能是指基于**理论**，将球投到自己瞄准的地方的能力。高桥不懂**理论**，所以现在还无法正确地进行**实践**。但是，他的运动神经并不差，学习**理论**并勤加练习后，应该能有所进步。**技术**提升后，就能稳定地控制球路，大幅减少洗沟或错失补中的情况。

　　第三个是**身体**，可以分为**爆发力（力量）**和**耐力（体力）**两个方面。

　　高桥的体形比较瘦弱，缺少能够发挥**爆发力**的肌肉力量。这就导致虽然球路笔直，但缺乏威力，无法全中。另外，3 局比赛需要 1 小时左右，不会出现呼吸急促这样的事情，所以 **耐力**

应该没有问题。

接下来，看一下**环境**的要素。

关于**物**，先看**保龄球场**。高桥常去的保龄球场设备完善，而且都是最新的器械，所以应该不会对分数产生不好的影响。

至于**装备**，高桥现在使用的是保龄球场出租的，球的重量则是根据当天的身体状况来定。但是，保龄球社团的朋友告诉他，穿合脚的鞋子，使用适合自己肌肉力量和手指粗细度的球，有利于成绩稳定。

最后的要素**人**，是指比赛的对手。大多数时候，高桥都是为了转换心情，一个人去打保龄球。以他一直以来的经验和性格来讲，比起和别人一边聊天一边打球，一个人默默地打似乎能获得更好的成绩。

（ⅲ）确定瓶颈

吉永根据上述分析列出了瓶颈。

控制力

失误和补中率低是成绩不佳的主要原因，而这两者都是由控制力不足（**技术**不足）引起的。

保持平常心

倍感压力的时候，如果发生失误，就会对得分产生很大的影响。

影响球的威力的肌肉力量

要想达到代表高级水平的 170 分，稳定的全中是不可或缺的。

而要想提高全中率，除了控制力之外，球的威力也很重要。打保龄球需要动用下半身、上臂、手腕、中指、无名指等部位。因此，增强这些部位的肌肉力量至关重要。

租用的道具

购买适合自己的道具后，意识就会增强，表现也会变得稳定。为了不把分数低的原因归咎于道具，请自行购买。

（ⅳ）制定对策

1. 报班学习保龄球

可以报保龄球的课程，学习正确的**理论**。达成目标的期限只有 3 个月，非常短，所以自学会比较困难。

2. 积累实战经验

可以通过积累实战经验，缓解压力。比如，增加练习次数或比赛经验。同时也可以制定规则，每 2 周设定一个目标分数值，如果没有达到，就请作为咨询师的吉永吃饭。

3. 每天锻炼肌肉力量

可以每天在家里通过深蹲锻炼下半身的力量，通过举哑铃锻炼上臂、手腕、中指、无名指的力量。也可以养成只用手指拎购物袋或包的习惯。

4. 购买自己的保龄球和鞋子

虽然也可以接手朋友用过的装备，但自己购买的话，不仅可以购买质量好的，内心还会产生必须使用回本的想法，从而更加勤奋地练习。

（v）评价对策

综上，按照优先顺序，对上述对策进行排序。

1. 报班学习保龄球

<u>术业有专攻，考虑到达成目标的期限只有 3 个月，非常短，所以还是交给专业人士最令人放心</u>。这样，还可以自然而然地交到保龄球友。高桥虽然喜欢一个人打球，但这个对策可以让他定期去打保龄球，并和球友切磋交流。

3. 每天锻炼肌肉力量

<u>虽然枯燥乏味，但效果确实会慢慢显现出来</u>。通过对策 1 提高控制力（技术），通过对策 3 加强球的威力（身体）。如果全中的概率能因此提高，保龄球的分数就会突飞猛进。

4. 购买自己的保龄球和鞋子

虽然不知道购买器具和提高分数之间是否有必然的关系，但确实<u>有助于稳定发挥</u>。最重要的是，购买之后，内心会萌生

必须使用回本的想法，从而督促自己坚持练习。这可以说是一种积极的激励吧。

鞋子的价格是 3000 日元左右，租用一次的价格是 300 日元，所以去 10 次以上就可以回本了。保龄球的价格也不到 5000 日元，就算当作投资，也不算很高吧。

2. 积累实战经验

习惯打保龄球时的紧张感后，应该就能以平常心对待正式比赛了。但是，和其他对策相比，这个对策的效果不容易体现。

3 个月后，经历了高强度训练的高桥获得了个人最高成绩——173 分，成功地让令人厌恶的朋友刮目相看了。

< 反省和今后的课题 >

• 决定保龄球威力的要素有球速、旋转以及球自身的重量。分析的时候，虽然将保龄球放入了地图中，却完全忽略了球体重量这个要素，看来有必要好好探讨一下地图化后的各个要素。

（ⅰ）确认前提

　　睡眠会影响人白天的表现。根据《周刊东洋经济》的报道，有超过 40% 的人觉得自己有睡眠问题。请思考一下该"**如何获得更优质的睡眠**"。

　　每个人的生活方式都不同，所以本题会规定上床和起床的时间，提供固定的睡眠时间。假设在规定的时间内，通过睡眠获得的体力以及精神满足感叫作**睡眠利益**。本题的目的就是寻求它的最大化。

（ⅱ）分析现状

　　按照时间顺序，可以将睡眠行为大致分为以下 3 个阶段：

入睡：上床→入眠；睡觉：入眠→醒来；起床：醒来→起床

可以将上述信息落实到下页地图上。

　　要想在从上床到下床的这段固定时间内获得最大的**睡眠利益**，就必须将处于过渡阶段的**入睡和起床**时间压缩到最短，以此实现**睡眠**时间的最大化，以及**睡眠**质量的最优化。

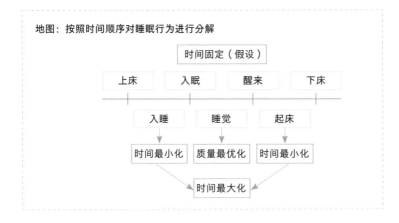

地图：按照时间顺序对睡眠行为进行分解

按照时间顺序思考，可以无遗漏、无重复地把握整体状况。请根据前文的讨论对问题进行分解，注意不要太粗糙，也不要太细致。

影响**入睡**时间和**睡眠**质量的因素如下图所示：

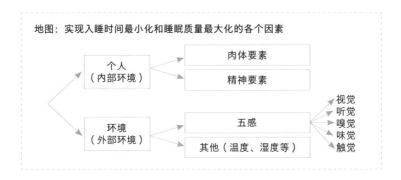

地图：实现入睡时间最小化和睡眠质量最大化的各个因素

此处的**个人**是指睡眠期间和自己的状态有关的要素，**环境**是指睡眠期间和周围状况有关的要素。

个人可分为**肉体**要素和**精神**要素。

161

肉体要素是指疲劳、睡前的饮食或饮酒、尿意、健康状况（头痛、鼻塞等），**精神**要素是指兴奋、烦恼、不安等。

针对各个瓶颈，可列出下列对策：

针对肉体要素

- 通过适度运动或拉伸，获得疲劳感

- 睡前上厕所

- 服用可以缓解头痛、鼻塞的药

- 睡前几个小时，不要看明亮的屏幕（电脑、手机）

- 每天在相同的时间入睡，形成入睡节奏

针对精神要素

- 抑制交感神经：睡前不看电脑，不打游戏，不做激烈的运动

- 激活副交感神经：安静地看书、喝杯热可可

环境的各项要素可分为人的**五感**和**其他**（温度、湿度等）两大类。前者包括**视觉**（昏暗）、**听觉**（安静）、**嗅觉**（香薰等治愈系的香味）、**触觉**（床上用品的触感等）、**味觉**（这次不涉及这个因素）。

接下来，同样针对各个瓶颈列出下列对策。

针对视觉

- 关灯、拉窗帘

- 如果夫妇二人的睡觉时间和起床时间不一样，可以佩戴眼罩，以防对方使用照明

针对听觉
- 夏天关窗，开空调
- 佩戴耳塞
- 去除造成噪声的原因（比如：如果邻居家很吵，可以直接上门交涉，或求助房东、警察）

针对触觉
- 购买软硬程度适中的床垫和枕头
- 选用肌肤触感好的羽绒被

针对嗅觉
- 喷洒用来放松的香水
- 点香薰蜡烛

针对其他
- 针对温度

  多穿 / 少穿衣服，增加 / 减少被子，开热风 / 冷风，使用暖宝宝、热水袋
- 针对湿度

  使用加湿器 / 除湿器

最后是将花费在起床上的时间最小化，即进行一场说服自己起床的"床上战争"。为了尽早决出胜负，请为自己准备好**"糖果"**和**"鞭子"**。

关于糖果

- 安排起床后令自己开心的活动，比如冲澡、散步、喝咖啡等

关于鞭子

- 通过闹钟铃声、从窗户照射进来的阳光以及其他，强制开启早上的安排

< 反省和今后的课题 >

- 本题假定的对象是因工作繁忙而很难有休息时间的人，所以规定了从上床到起床这个固定的时间。

  有些职业，可以自由地设定睡眠时间。另外，如果是不工作的周末，也同样可以随意选择睡眠时间。

- 一般来讲，睡眠时间过久或过短都会造成整体睡眠质量的下滑。并且，我听说将睡眠时间设为 1.5 的倍数（小时），比较符合睡眠节奏。这样做之后，起床的时候就不会感觉到疲惫。

- 五感的框架无法涵盖的部分，我只能选择使用"其他"。用了"其他"后，表面上看上去似乎没有遗漏，但实际上，如何减少"其他"这个类别中的遗漏是一个大问题。

案例

9

如何坚持跑步？

难易度

B

（ⅰ）确认前提

　　很多人因为缺乏运动而开始跑步，但能坚持下去的人却很少。为了养成跑步的习惯，请思考应该"**如何坚持跑步**"，并制订出坚持跑步的计划。

（ⅱ）分析现状

　　首先，请对坚持跑步的动机（诱因）进行分解。大致可以从**糖果、鞭子、精神性、物质性**4 个方面着手。

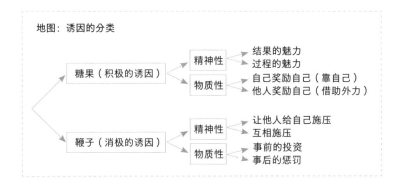

地图：诱因的分类

糖果（积极的诱因）
- 精神性
  - 结果的魅力
  - 过程的魅力
- 物质性
  - 自己奖励自己（靠自己）
  - 他人奖励自己（借助外力）

鞭子（消极的诱因）
- 精神性
  - 让他人给自己施压
  - 互相施压
- 物质性
  - 事前的投资
  - 事后的惩罚

关键

"糖果与鞭子""精神性与物质性"也可以做成 2×2 的表格，但本题为了进一步分解成 2×2×2，所以选择使用了树形图。

首先，**糖果**是指**促使人采取行动的积极的诱因**，主要包括**精神性**和**物质性**两类。

精神性诱因有以下两种：

过程的魅力：记录跑步的日期、距离带来的成就感，以及和亲密的朋友一起一边欣赏美丽的风景一边跑步带来的舒爽感。

结果的魅力：通过跑步获得的苗条身材、能够战胜感冒的体力。

物质性诱因也有以下两种：

自己奖励自己：跑完后，奖励自己啤酒、泡澡等。

他人奖励自己：马拉松比赛的奖金、奖品等从外部获取的奖励。

针对各个瓶颈，我制定出了下列具体的对策：

针对"糖果 × 精神性"

· 结果的魅力
明确改善体形和增强体力两个目标。将这两个目标写下来，

贴在家里，或放在钱包、笔袋中，随身携带。

·过程的魅力

为了能够体会到记录带来的小小的成就感，事先将应该跑步的日子写在手账本上，跑完后再检查一遍，并填入跑的距离。另外，也可以购买用于跑步的携带式音乐播放器，跟随着音乐的节奏轻快地奔跑。

针对"糖果 × 物质性"
·自我奖励（靠自己）

养成只在跑完后喝啤酒的习惯。不要一次性大量购买啤酒，而是跑完后在回家的路上去便利店买 1 瓶，这样就能坚持下去。

·他人奖励自己（借助外力）

以获得奖品为目的，参加适合自己水平的市民马拉松比赛。也可以和朋友比赛，输的一方请客吃饭。

另一方面，和**糖果**相对的**鞭子**，是指**促使人采取行动的消极的诱因**。和"糖果"一样，也包括**精神性**和**物质性**两类。

精神性诱因有以下两种：

让他人给自己施压：在贺年卡、社交网站上宣布自己要坚持跑步，有意地将自己放到被他人监督的环境中。

互相施压：通过结识跑友等，建立能互相监督的队友关系。

物质性诱因有以下两种：

事前的投资：预先购买用于跑步的衣服、鞋子等物品，给自己制定必须回本的目标。

事后的惩罚：和一起跑步的朋友约定，如果没有跑步，就请客吃饭。

针对上述各个瓶颈，我制定出了下列具体的对策：

针对让他人给自己施压

可以在自己的博客、社交网站上宣布自己要坚持跑步，然后上传每天跑步的距离和路线图。也可以设定规则，规定上传时一定要附带风景照证明，让别人看到自己在跑步。

针对互相施压

可以成立跑步社团，规定每周绕皇居跑 2 次。另外，和同伴边聊边跑，还有助于提高"**糖果 × 精神性**"过程中的魅力。

针对事前的投资

自行购入尽可能昂贵且专业的鞋子、服装等跑步用品。另外，还可以告诉周围的人，自己是为了跑步才购买这些的。这

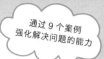

样一来，也许还能获得"**鞭子 × 精神性**"效果。也就是为了不让周围的人觉得自己是个"铺张浪费的人"而努力跑步。

针对事后的惩罚

可以给自己制定规则，比如偷懒没跑的话，就捐献一定的金额。自己很难惩罚自己，所以除了那些意志格外坚强的人之外，可以搭配**让他人给自己施压**的对策一起实施。

< 反省和今后的课题 >

- 这是一个没有考虑当事人个人的状况，使用常规解法的问题。但我还是试着列出了比较具体的对策。不过，针对各个瓶颈制定的对策，归根结底只是举例而已，肯定还有适合个人的更好的对策。
- 这个问题的地图适用于各种场合。比如，要想顺利地执行"课题 8：如何提高英语口语能力""案例 7：如何提高保龄球的分数""课题 9：如何减肥"中制定的对策，就可以使用这个案例中提及的方法。

50 个精选框架

▼框架名称	▼频率	▼评论
原因与结果	S	基础中的基础。针对原因采取行动后,获得结果或阻碍结果
主张与依据	S	有助于让他人理解自己的输出的基本框架
好处与坏处	S	评价对策时经常使用
激励与限制	A	分析个人或组织行为动机的框架,狭义上的好处与坏处框架。可以用"大小 × 概率"进一步分解
糖果与鞭子	A	将激励中积极的诱因叫作糖果,消极的诱因叫作鞭子
实效性与可行性	S	评价对策时最基本的框架。有时也会考虑时间间隔(时间跨度)
性价比	A	上述框架的应用,可以认为"效果 = 实效性""费用 = 可行性"中的一个要素
输入与输出	A	通用性极高的体现人、物、钱、信息等流动的框架
需求与供给	A	经济学的基础框架。用于分析经济现象时,能发挥很大的作用
存量与流量	A	对社会科学中的数量进行分类的框架。请记住各类数量分别属于哪一个
公与私	A	同一个问题,"公与私"分类不同,对策的范围也会随之发生改变
工作状态与非工作状态	A	可以用来分解人和组织的行为,多用于分析现状

个人与环境	A	社会问题基本都是个人（内在）因素和环境（外在）因素的复合现象
加害者（主动）与受害者（被动）	A	对于犯罪、公害等"加害者"和"受害者"明确的社会问题，十分有效
外在与内在	A	可用于外部环境与内部资源、外面与内在等各种分类
预防与处理	A	对策可分为事先预防问题的对策和事后处理问题的对策
自发（太阳）与强制（北风）	A	对策可分为促进对方自发行动的对策和强制对方行动的对策
靠自己与借助外力	B	靠自己还是借助外力。用于对策的地图化
质与量	A	对策可大致分为"改善质"和"改善量"两种
物质性的与精神性的	A	"激励与限制 × 物质性的与精神性的"这样 2×2 的表格，可用于各种场合
一般与特殊	B	将原因分为一般的、普遍的原因和固有的、特殊的原因的框架
衣、食、住	B	这是人类生存所需的基本物理条件。除此之外，还需要充实精神
头脑、心灵与身体	B	分析人时，经常使用。头脑聪明、性格温柔、个子高（身体）的帅哥会受欢迎
心理、技能与身体	R	分析运动类问题常用的框架，但也适用于商务人士
意愿（想法）与技能	A	将人类的特性分为两类的著名框架。既有干劲又有能力的人才非常珍贵
知识（理论）与经验（实践）	A	成长的基础循环，也可以说是"输入（吸收知识）与输出（实践）"

战略、战术与战斗	S	先制定宏观战略和微观战术，再执行，即战斗，最后达成目标，解决问题。本书涉及的范围是战略和战术
五感（视觉、听觉、嗅觉、触觉、味觉）	C	人类感觉的分类，不常使用。不包括温度、湿度等感觉
5W1H	A	广泛用于各类事物的整理。制定具体的对策时，最理想的情况是将5W1H全都考虑进去
PEST	C	政治（Politics）、经济（Economy）、社会（Society）、技术（Technology）4个看待宏观外部环境的视角的英文首字母。站在高处俯瞰问题时，偶尔会使用
3C	A	经营战略的基本框架。思考时要随时确认，保证这3个视角没有遗漏
STP	B	市场学的框架，"细分（Segmentation）和描准（Targeting）"即向谁（Who），"描准（Positioning）"即售卖什么（What）
4P	S	同样也是市场学的著名框架，强调怎样销售（How）。连同它的应用框架，出现频率极高
AIDMA	A	这是购买的决策过程，即注意（Attention）→兴趣（Interest）→欲望（Desire）→记忆（Memory）→购买（Action）。可根据实际情况，使用它的变形（本书省略了Memory）
商品与服务	A	提供价值的媒介，有作为物（有形物）的商品和非物（无形物）的服务
功能与设计	B	产品的魅力是由实际的功能与外在的设计决定的

推动与拉引	B	4P 中的推广（Promotion）可分为拉引（Pull，通过电视、报纸、广播、杂志等大众广告）和推动（Push，通过销售、派发传单等）
现实（地面战）与虚拟（空战）	B	可广泛用于商务模型、推广（Promotion）手法的分类等
买卖市场与租赁市场	C	一个是以所有为目的的市场，一个是以租赁为目的的市场。整理业务时，也许会用到
新品市场与二手市场	C	一个是售卖新产品的一级市场（Primary Market），一个是售卖二手货的二级市场（Secondary Market）。使用"买卖与租赁 × 新品与二手"，可以完美地对住宅市场、汽车市场进行分类
新增与既有	A	分类和锁定目标时经常使用，有开发新客户和维护旧客户两种方法
个人与法人	A	和解决问题相关的所有当事人，都可分为个人和法人
个人与家庭	B	上面的"个人"又可进一步分为家庭成员的个人（与上面的"个人"不在一个层面）和作为集体的家庭
城市与农村	B	城市和农村的人口动态、生活方式都有很大的不同
人、物、钱、信息	B	组织的内部资源大致可分为这 4 个，有时候会只使用人和物
时间轴	A	比起框架，它更像是将事物一元化的标准。将各种事物放到时间轴上后，就一目了然了
早上、中午、傍晚、夜晚、深夜 / 春夏秋冬	B	这是时间轴的应用，按照时间顺序，分割 1 天或 1 年

年龄与性别	B	对市场进行分类时最常用的轴。"孩子、青年、中年、老年"是年龄的一种分类方式
频率与同行情况	C	分析去游乐园玩的人或去听音乐剧的人时,可以使用这条轴来对其进行分类。频率是指反复去的次数,同行情况是指夫妻、家人、朋友等团体属性
社会人士与学生(社会属性)	B	按照社会属性,可将顾客分为这两类。根据具体情况,也可以加入学前儿童、退休老人、家庭主妇等

210 个案例分析问题

　　我从我们解过的题目中，按照类别甄选出了一些优秀问题。其中，有些问题无法明确地划分类别。希望你平日用它们来练习。

▼问题　　　　　　　　　　▼难度　　　　　▼评论

微观类 30 题 站在某家特定的店铺的角度，即"微观"角度，解决问题。		
如何提高星巴克的销售额 （以下 14 题均为提高销售额问题）	B	一天中的不同时段，顾客购买的饮料、食物都有所不同
如何提高家庭餐厅的销售额	B	和案例 3 一样，思考一下同行情况。客单价等会有所不同
如何提高拉面店的销售额	B	满座率高的时段是中午、晚上和深夜吗
如何提高居酒屋的销售额	C	最近有些居酒屋也推出了午餐。可以将白天和晚上的情况分开思考
如何提高卡拉 OK 的销售额	B	销售额包括和滞留时间成正比的费用以及饮食费
如何提高弹子球店的销售额	C	"100 日元 25 个弹珠"，其实是以这种形式售卖弹珠的生意
如何提高服务区的销售额	C	工作日和休息日的销售额相差很大。请选择你比较熟悉的情况思考
如何提高加油站的销售额	B	除了补给汽油之外，加油站还会售卖轮胎等汽车用品，提供洗车服务等
如何提高占卜师的销售额	C	销售额可以通过"工作时间 × 顾客数 / 小时 × 客单价"来计算

如何提高出租车 1 天的销售额	A	末班电车结束后，价格会上涨，且距离较远，所以客单价会增加很多
如何提高商场的销售额	C	重点是如何兼顾商场的传统和革新。另外，每一层的顾客群和商品都是不一样的
如何提高高档酒店的销售额	B	除了住宿之外，酒店还能提供哪些服务呢
如何提高宠物店的销售额	B	最近，商场里的有些店铺允许顾客抱着心爱的宠物购物
如何提高干洗店的销售额	A	关键是如何设定一家店铺覆盖的区域内存在多少需求
如何提高婚礼举办地的销售额	C	经济情况、晚婚（不婚）化等宏观因素会影响婚礼的数量和形式
如何增加补习班的学生人数（以下 14 题均为增加人数的问题）	A	首先需要设定补习班的对象学生、目的（应试、补习等）、科目、课程时间等前提
如何增加游泳班的学生人数	A	现在主要的学生是小学生。是否能拓展目标群体呢
如何增加电影馆的观影人数	A	现在因为电视、网络、DVD 普及，休闲活动多样化，优秀电影缺失等原因，票房收入一直都不太理想
如何增加四季剧团的观众人数	B	四季剧团应该拥有固定的观众群体，所以重点是开拓新观众
如何增加东京巨蛋夜场的观众人数	C	和案例 2 的相扑问题一样，需要特意来现场观看棒球比赛的激励
如何增加大学的报考人数	B	可以尝试使用 4P 的框架，也许会有不错的效果
如何增加便利店的顾客人数	B	假设地段和面积无法改变，那还能有什么对策呢
如何增加参拜神社的人数	C	除了新年的第一次参拜外，是否可以制造其他激励，吸引人们前来呢
如何增加利用房产中介的人数？	A	网上的住宅信息网站不具备的、现实中的房产中介的强项是什么呢
如何增加利用婚介所的人数？	B	用 4P 来分析，可以将产品（Product）分成婚介所的系统（硬件）和异性注册者（软件）

如何增加租车人数	C	为了节省停车费而使用租车服务的法人客户越来越多了
如何增加利用网咖的人数	B	深夜错过末班车的人会将网咖当作旅馆
如何增加利用投币式洗衣机的人数	B	据说自助服务深受节约的家庭主妇和职场女性喜欢，店铺数增长到了 10 年前的大约 1.4 倍
如何增加利用投币式储物柜的人数	C	请想象一下使用投币式储物柜的情形。是否有竞争对手或可替代的服务呢
如何增加使用证件照拍摄机的人数	C	入学和入职需要办理各种手续，所以 3 月和 4 月的使用量应该很大

宏观类 30 题
主要是站在增加市场规模这样的"宏观"角度来解决问题。

如何增加摩托车的市场规模（以下 14 题均为增加市场规模的问题）	C	在持续缩小的国内市场，是否有不依赖降价的对策呢
如何增加香蕉的市场规模	B	"香蕉减肥法"这样的热潮不会持续太久。
如何增加口香糖的市场规模	B	可用作零食、驱散睡意、清除口气等，用途很多
如何增加罐装咖啡的市场规模	A	适合使用 4P 的框架。特别是流通路径（Place），应该有很多
如何增加东京外卖比萨的市场规模	B	最好做新的尝试，比如推出单人套餐和聚会套餐等
如何增加跑步机的市场规模	B	如何利用现在的跑步热潮来增加机器购买量呢
如何增加商务书的市场规模	A	和快速增长的电子书以及有声书的适配性怎么样呢
如何增加眼镜的市场规模	C	需要和隐形眼镜以及激光手术等抢夺市场份额
如何增加隐形眼镜的市场规模	B	请制定能胜过框架眼镜和激光手术的方法
如何增加药妆店的市场规模	A	修改法律后，网上能购买的药剂种类变少了

如何增加游戏厅的市场规模	B	在家庭游戏普及的现在，选择游戏厅的理由是什么呢
如何增加滑雪场的市场规模	B	将案例3中对S高原滑雪场的探讨扩展到全国范围
如何增加"周刊少年JUMP"的销售总额	B	这是日本老牌漫画杂志，编辑方针是"友情""努力""胜利"，读者群体是小学、初中、高中学生
如何增加迪士尼乐园的总销售额	B	除了门票之外，还有餐饮、周边、酒店、剧场等各种收益来源
如何增加京都观光业的总销售额	C	请先对观光业的业务做出明确的定义
如何增加去海外旅行的日本人的人数 （以下14题均为增加人数的问题）	A	影响决定的外因主要有经济情况、汇率、原油价格、治安情况等
如何增加去肯尼亚旅行的日本人数	C	游客分两类，一类只去一个国家，一类会顺便去周边国家
如何增加自民党人数	B	1年只需付4000日元党费即可加入自民党。请使用AIDMA的框架
如何增加阪神的粉丝数量	B	和课题2中的国际象棋一样，请先用观战频率等对"阪神粉丝"下定义
如何增加报名参加自卫队的人数	C	和案例6中的网球社一样，请确保适合自卫队的志愿者的品质
如何增加汉字检测考试的报考人数	B	汉检协会的丑闻导致报考人数急剧减少。要想增加报考人数，必须采取补救措施
如何增加贺年卡的销售量	B	导致贺年卡销量减少的原因有很多，比如人际关系的淡泊、出现邮件替代方式等
如何让红酒在大学生中流行起来	C	请用4P来分析，目标是增加红酒的销售量
如何增加七味辣椒的销售量	C	人们一般不会只买七味辣椒，请思考一下会和哪种食品一起使用
如何增加大米的销售量	B	除了家庭之外，也不要忘了B to B的需求。制作面包、比萨的米粉也是用大米加工来的

如何增加支援海外的老年志愿者数量	B	使用 AIDMA 的框架也许能完美地分类
如何增加视频网站的视频发布量	B	视频大致可分为个人上传的私人视频和法人上传的宣传视频
如何增加亚马逊的年度评论量	A	现在，拥有亚马逊账号的用户发表评论是没有报酬的
如何增加社交网站 mixi 的日记投稿数	B	好像竞争不过脸书、推特等对手。另外，写日记会有什么样的顾虑呢
如何增加 iTunes 上的音乐下载（DL）量	A	可以通过"iTunes 注册者 ×DL 利用频率 × 平均每人的 DL 数"这个公式来计算

公共政策 40 题
下面根据问题发生区域的规模，分为城市问题、国家问题（日本）和国际问题（世界）。

【城市问题】15 题

如何防止阪神获胜后在道顿堀跳水	A	有两种方法：一种是让人们自主放弃跳水，一种是强制性地使跳水变得无法实现（铺设网等）
如何防止成人式时年轻人暴走	B	也可以采用比较激进的方法，比如不举办成人式
如何防止暴走族的暴走	A	有两种方法：一种是抑制暴走的欲望，一种是让他们难以实施自己的欲望
如何杜绝聚会时的一口干的现象	B	每年，在东京因为急性酒精中毒而被送医的人有 1.1 万人左右
如何减少违规停车	A	可以参考案例 5
如何消除酒后驾车	A	请参考案例 4。除了针对驾驶人之外，应该还有其他措施
如何减少地铁色狼	B	有没有比使用女性专用车厢更好的方法呢

如何减少铁路上的交通事故	C	委托人是铁路公司或政府行政部门，可实施的对策范围不一样
如何缓解堵车	A	思路和解决"早高峰"问题相似
如何解决"道口等待时间过长"问题	A	方法有两个：一个是让横穿道口变得更方便，一个是消除横穿道口的必要性
如何减少东京的鸽子	B	可以参考课题5
如何减少流浪汉的人数	C	请思考一下要以怎样的流浪汉为目标
如何减少垃圾排放量	C	可以从家庭垃圾和法人废弃物两个方面来讨论
如何提高商业街的治安	B	警察制定了限制网咖的治安对策，但似乎遭到了反对
如何应对城市的地震	C	抑制地震发生很困难，所以需考虑如何将地震造成的损失减少到最小

【国家问题】15题

如何减少废弃的食物	B	日本国内生产量加海外进口量，与消费量不吻合
如何改善电车礼仪	C	人们对于礼仪意识的看法存在着很大的代沟，需要提高水平
如何减少霸凌	C	不仅是学校，职场也存在霸凌现象。请分别考虑
如何减少性犯罪	B	似乎性犯罪的再犯率很高，但根据统计，也有人持反对意见
如何减少自杀	C	每年有约3.3万人自杀。请思考一下决意自杀的过程
如何提高投票率	B	在澳大利亚等国家，投票是义务，违反者要缴纳罚款
如何防止少子化	A	能否放宽移民政策？请先确认这些前提后再分析

如何增加外国游客	B	和案例 3 一样，可以使用 4P 的框架
如何增加日本的诺贝尔奖获奖人数	C	对策有两类：一类是所有部门通用的对策，一类是针对各奖项的对策
如何培养日本人横纲	A	有两个方法：一个是将日本人力士的实力提高到横纲级别；一个是维持现状不变，将日本人力士等级提升为横纲
如何让日本的足球变得更强	B	将决定足球比赛输赢的要素归纳到地图上
如何让领结流行	C	这个问题相当离谱，但可以试着想象一下戴领结的场合
如何增加创业者	B	日本人选择职业时，会规避很多风险。这可能是国民性的问题吧
如何让高中生考国外的大学	B	很多人都没有意识到还有去国外上大学的选项
如何让大学生有危机感	C	需要对"危机感"下定义，并设定具体的指标

【国际问题】10 题

如何减少外国人的非法滞留	B	和课题 9 一样，使用"流量与存量"的框架考虑
如何防止毒品走私	A	通过提高走私的告发率，加强惩罚力度，提高走私的限制概率和规模
如何消除手表的伪造品	C	和课题 5 类似，有两个途径：一个是直接处理伪造品，一个是间接抑制
如何防止大猩猩灭绝	B	只要"死亡数＞新生数"的状况没有得到改善，灭绝就无法避免
如何减少感染疟疾	A	疟疾是通过蚊子传播的传染病。可以采用和课题 4 中相似的对策
如何防止温室效应	C	有很多说法，简单来讲，造成温室效应的原因是二氧化碳等温室效应气体的排放

如何确保石油资源	C	适合做出口国的国家需要满足什么样的条件呢
如何阻止外国的导弹袭击	C	虽然是国家级别的问题，但可以运用案例 5 中激励和限制的框架
如何阻止对日本的恐怖袭击	B	重新确认恐怖袭击的定义后，再开始分析
如何解决贫穷问题	C	这是人类的一大难题，请运用自己会的框架挑战一下吧

运营战略 20 题
请用相同的思路挑战 NPO、学校、社团等各种团体组织的问题。

如何活用社团的告示板	B	"活用"的意思是增加投稿数，增加 PV 数，还是其他？请先定义
如何增加音乐社演唱会的观众	A	和课题 3 一样，请使用 AIDMA 的框架
如何提高高中生的学力	C	文部科学省官员、高中的班主任等，可以自由决定自己的身份并展开讨论
如何减少大学生的迟到现象	A	请把自己当作大学教授或员工，认真地思考一下
大学要如何募捐	B	有法人捐赠和个人捐赠两种。如今只依靠企业好像不行了
如何在 1 周内召集 100 个文武双全的人	C	首先需要推测"召集"的原因，再将问题框起来
如何增加做早操的人数	A	拓展参加者群体，或是增加参加频率
如何增加捡垃圾的志愿者数量	B	支付工资的话，就不符合"志愿者"的定义了
如何增加居委会的人数	B	加入居委会的激励和限制是什么呢
如何增加童子军的人数	A	这是一个通过服务活动和露营等对青少年进行社会教育的团体，在日本的知名度很低

如何增加青年海外合作队的报名人数	A	报名人数减少到了 15 年前的 1/3。请使用 AIDMA
如何增加参加烟火大会的人数	B	烟火大会的规模不同，能够采取的对策也会不同
如何增加参加夏日祭的人数	B	请想象一下日本的夏日祭。夏日祭特有的魅力是什么呢
如何增加去大学文化祭的人数	B	对于大学来讲，文化祭是一个绝好的宣传机会。学生和大学可以开展合作
如何增加去小学运动会的人数	C	如果完全开放，可能会出现安全层面的问题
如何增加参加年会的人数	B	请从两个方面考虑：一个是增加邀请的数量（打席数），一个是提高受邀之人的参加率（打率）
如何增加维基百科的撰写人数量	C	用户绝对不少，但不撰写条目的理由是什么呢
如何保护某地区的孩子不受伤害	C	保护孩子不受怎样的伤害呢？请思考得更加具体一点
如何让邻居停止晚上发出噪声	B	将对策制作成地图，可以靠自己解决，也可以借助外力解决
如何减少某地区的偷盗事件	B	和案例 5 一样，请先制作损失金额的地图

工作状态问题 30 题
跟个人相关的问题，大致分成"工作状态"和"非工作状态"两种情况。

如何将成为商务人士所需的能力体系化	C	请试着用各种框架，制作多张地图
演示的评价标准是什么	B	请一边思考演示的目的，一边思考加分和减分的要素

电脑的评价标准是什么	B	目的不同，需要的 PC 规格配置也不同。请将各项条件落实到地图上
英语口语学校的选择标准是什么	A	请将服务、价格、上课形式（班课、一对一）、上课地点（现实、虚拟）等条件落实到地图上
如何集中精神工作	A	和案例 7 的睡眠一样，请使用"个人与环境"的框架
如何减少遗忘	B	可以使用和案例 8 一样的框架
如何提高计算速度	A	在所有计算方式中，用 Excel 来计算虽然比较难，需要一定的时间才能掌握，但它能瞬间完成复杂的计算
如何学习股票投资	B	完全零基础的人开始投资股票的过程是怎样的呢
如何提高托业成绩	A	查看过去的考试成绩单有助于确定瓶颈
如何减少聚餐	B	心平气和地拒绝聚餐的方法有哪些
如何减少喝酒误事的情况	A	俗话说，酒量是练出来的。但这不是唯一的方法，也可以减少喝酒的量。请制作地图
如何防止迟到	A	如果原因是精神性的，请参考案例 9
如何防止睡懒觉	A	可以参考案例 7
如何驱走困意	A	保证充足的睡眠可以"预防"犯困，喝咖啡或嚼口香糖也能"应对"
高中老师如何让学生不犯困	B	请站在老师的立场上，想办法让学生不犯困
如何举办学习会	B	设计一个方案，里面要包括学习会的目的、成员、内容等信息，且要逻辑自洽

如何增加研讨会的提问数	B	研讨会上提问不热烈的原因，在讲师、听众和主办方这三方身上
如何防止丢三落四	B	如果能够想象丢三落四的场景，就容易制定对策了
如何有效利用乘电车的时间	B	坐还是站，请根据拥挤程度分情况考虑
如何在通勤的电车上找到座位	C	这个题目很有意思，甚至有本书的主题也是这个。请认真制作地图
如何和工作上第一次见面的人交流	C	和课题 7 一样，可以使用"学习、空抢、实践"的框架
如何增加博客的阅读量	B	拥有顶级阅读量的博客有什么样的共同点呢
如何提高分发纸巾的效率	A	请先将一个小时派发的纸巾量落实到地图上，再分析
如何通过大学的考试	A	如果是按比例通过的话，那理论上也可以采用"降低其他学生的分数"的方法
如何预防抑郁症	C	请将得抑郁症的原因没有遗漏地落实到地图上
如何提高动力	C	和案例 9 类似。将一般的方法落实到地图后，就可以应用到其他问题上了，非常方便
如何防止肩颈酸痛	A	可以使用"预防与处理"的框架
如何解决视力下降的问题	A	请使用"个人与环境"（使用工具）的框架
如何在自己家里运动	A	在自己家运动的阻碍因素有空间不足、产生振动和噪声
如何成为政治家	C	假设你立志要成为政治家，请将梦想实现前的过程落实到地图上

如何预防头疼	A	请区分使用"预防"和"处理"
如何增加蔬菜的摄入量	A	请使用课题 9 的框架
如何禁酒、禁烟	B	比起方法，抵挡住诱惑并坚持下去才是关键。和案例 9 很相似
如何预防流感	A	和课题 4 一样，请思考流感发作前的过程
如何防止紫外线	B	紫外线是一个很严重的问题，可能会引发皮肤癌。请将患病的过程制成地图
冬天如何防寒	A	需要分场合考虑
在迪士尼，如何 1 天玩超过 20 个项目	B	请不要制定无聊的对策，比如乘坐 20 次最没有人气的项目等
如何让情人节获得的巧克力数量翻倍	B	先将获得的数量制成地图。另外，请不要提出自己买这个对策
如何交女朋友或男朋友	C	可以将这个过程看作是将自己这件"商品"卖给异性这个"客户"的"销售活动"
如何讨祖父母开心	C	从立场和年龄来看，和祖父母之间存在着很大的价值观的差异，所以让他们开心需要花点功夫
如何讨好丈夫或妻子	C	和课题 6 一样，制作"物质与精神"×"积极因素与消极因素"这样 2×2 的表格
如何拉近和女儿的关系	C	假设自己有一个正值青春期的女儿。解决途径和上题相似
如何纠正孩子的用词	B	对行为的过程进行分解的话，是"记住脏话→使用脏话"

如何让孩子长得更高	B	列出所有影响身高增长的要素，然后再开始
如何让 C 等级的儿子考上理想的学校	B	有两种方法，一种是提高学习能力，一种是不提高学习能力但能及格
如何邀请别人来参加婚礼	A	和案例 6 一样，先思考一下想要邀请怎样的人
如何邀请别人来参加葬礼	A	同上。比起死后制定策略，生前的言行更加重要
如何提高网球水平	A	可以参考案例 8
如何在卡拉 OK 活跃	B	先定义什么是"在卡拉 OK 活跃"，然后使用和课题 8 一样的框架
如何提高驾驶水平	B	请先确认你想要追求的是安全驾驶还是像赛车一样的狂野驾驶
如何让拍出来的照片更好看	B	可以考虑改善颜值或改善拍照技术
如何提高时尚度	B	打扮的目的是什么？工作状态和非工作状态两种情况，方法截然不同
如何预防肌肤粗糙	A	使用"预防和处理"的框架。前者是去除导致肌肤粗糙的原因，后者是改善已经变得粗糙的肌肤
如何减轻家务的负担	B	可以靠自己提高工作效率，也可以借助外力，让外面的人来做
如何减少伙食费	A	可以制定"饮食的次数 × 平均 1 次的费用"的计算公式
搬家时，选择住处的标准是什么	C	租还是买，独栋还是公寓，选项有很多
汽车的选择标准是什么	B	一般都是从产品的功能和设计两个方面来评价的
过年礼物的选择标准是什么	B	目的一般是让对方开心，维持、改善和对方的关系。请按照性价比考虑吧

| 咖啡店的选择标准是什么 | B | 将各种评价标准无遗漏、无重复地落入地图，然后按照重要程度排序 |
| 如何度过美好的周末 | A | 什么叫"美好的周末"？请先定义 |

是否类 10 题 设定肯定和否定的论点，然后阐述意见和依据。		
是否应该将小学英语定为必修课	B	为了让英语课成为必修课，需要哪些资源呢
高中是否需要穿校服	A	可以将现在有校服和没校服的学校放在一起比较，观察各自都有怎样的优缺点
大学生是否需要做作业	A	作业也有很多种类，请展开思考一下
合租和一个人住，哪个更好	B	居住环境，预算等，每个人情况都不同，所以答案也会不同
社会是否需要 NHK 的教育类节目	B	请对社会需要下定义
社会是否需要便利店 24 小时营业	B	同上。24 小时营业的好处有哪些
晚婚化好吗	C	对适婚年龄的女性"好"的事情，和对社会"好"的事情，未必一致
日本是否应该接收移民	C	除了经济方面的因素外，还有什么坏处和风险呢
是否应该举办公司运动会	B	最终可以归到定义类、价值观类的"干燥的公司氛围和湿润的公司氛围"上
是否应该导入世界通用货币	C	这是道严肃的经济学问题，请使用自己掌握的所有框架，试着思考一下

想法类 10 题 需要创新性的想法以及故事性		
新干线可以推出哪些新服务	C	几百个人必须要在新干线这个空间内滞留几个小时，可以提供怎样的服务呢
现在如果要买股票的话，应该买哪只	C	只依靠逻辑是无法解决这个问题的，还需要了解最近的时事
现在应该兼并收购的企业是哪里和哪里	C	先设定一个想要收购公司的企业，然后再选择适合这个企业的公司
现在如果要投资国家，应该投资哪个	C	这个问题虽然也在考查创新能力，但也需要一定程度的基础知识
如果要在哆啦 A 梦中加入新角色，该怎么办	C	首先需要决定加入新角色的目的是什么
10 年后的商务类畅销书是什么	C	请找到时代背景和畅销书之间的关联。需要同时动用左脑和右脑
如何让涩谷成为成人之街	C	涩谷是著名的"年轻人之街"，能把它变成"成人之街"吗
现在如果有 3 亿日元，你会用来做什么	C	不要靠直觉决定。先依靠逻辑排出优先顺序，再进行资源分配
如果明天要去无人岛住 1 个月，你会带哪些物品呢	B	先设定无人岛的环境，再列出生活必需但当地没有的物品
请说出你见过的最有意思的 3 个案例分析问题，并给出理由	B	这个问题可以确认你大脑中是否有存储曾经解过的案例问题

原因分析类 5 题 类推现实生活中各种现象的因果关系		
窨井为什么是圆的	B	这是个很有名的问题，解决途径有很多
空气为什么是透明的	C	因为《观想力》（三谷宏治著）而出名

在印度，职业运动为什么不流行	C	是否有印度特有的原因呢
咖啡杯为什么带有茶托	C	请先想一下所有会使用咖啡杯的场景，也许你能意外地想出很多理由
为什么"养乐多女士"留下来了，但"牛奶叔叔"却消失了呢	C	案例2中出场的"养乐多女士"现在仍在活跃，但为什么"牛奶叔叔"不见了呢

定义类、价值观类 5 题 与其说是测试逻辑能力，不如说是在确认候补者的价值观		
什么是成功	C	这完全是个人价值观的问题，所以讲出让你产生这种想法的故事很重要
你喜欢钱吗	C	为了衡量应聘者是否适合，金融类的公司会问这个问题
干燥的公司氛围和湿润的公司氛围，哪个更好呢	C	这个问题要看个人的性格和交流能力
怎样平衡工作和生活	C	这是个非常敏锐的问题，密切关系到你将来的人生规划
什么是爱	C	用逻辑回答就显得有点无趣了。面试中有时候也会出现这种难题

后　记

案例分析的局限性

感谢大家读到这里，觉得怎么样呢？有没有感受到案例分析的趣味性呢？

"纸上谈兵""文字游戏""书呆子的歪理"……我想，还是有很多人持怀疑态度吧？因此，在这里我想以"案例分析的局限性"为题，从 3 个方面来回应大家的疑虑。

第 1 点，现实生活中，实际产生价值的不是分析，而是想法。分析只不过是创造出想法的手段而已。进行案例分析问题的面试时，面试官尤其注重应聘者结构化的能力。因此，本书一直在强调通过框架制作地图。

但是，如果大家都使用相似的框架，就会制作出相似的地图，无法提出具有创新意义的奇思妙想。也就是说，这样的分析方法并不能带来惊人的突破。为了加入一点奇思妙想，我在本书中有意地尝试了各种各样的思考。我想，要素还原性质的案例分析的局限性就在于此。

为了突破这种局限，可能需要一种创造性的途径，推翻现有的思考方式，回归原点，重新推敲出奇思妙想。

第2点，案例分析问题是用思考语言书写的，而不是传达语言。

"案例语"（咨询语？）可以说是商务领域的世界语。它对分析、思考问题极其有效，但因为能运用这种语言的人有限，所以很难用来沟通。

不仅如此，说话的人往往还会严格地执行 MECE 分析法，执着于使用逻辑树，并时不时地冒出一些不自然的舶来语，所以很容易令对方感觉不快。

解决现实生活中的问题时，不可避免地会和他人产生联系。因此，"思考"的时候可以使用案例语，但"传达"的时候，要磨炼自己的"翻译技能"，将案例语转化为对方可以理解的语言。

第3点，案例分析容易变成"空抢"。

案例分析不需要采取行动，没有风险，这就是思考实验自由的魅力。但渐渐地，案例本身会脱离现实，变成妄想。实际上，在本书中，大家觉得不符合现实的点，应该也随处可见吧。

如果说解决问题需要制定战略的大脑、决定前进方向的内心，以及实施对策的手脚，那么案例分析归根结底只是一种专门用于训练大脑的情景模拟。包含 MBA 教材在内的案例分析被称为"画册""纸戏剧"，也许就是这个原因。

我进入社会之后也时刻告诫自己，要谦虚地面对现实，在验证情景模拟的同时，也要积极地将其应用到解决现实问题中，不断地完善假设。

案例分析虽然有这样的短板，但它的魅力并不会因此而减少。只要能够分辨出案例分析的利弊，并正确地用它来"空抢"，就一定能提高解决问题的能力。

另外，本书的内容都是和众多朋友讨论出来的结果，所以可以说是"合著"的。

尤其要感谢高田祐人先生、田中耕路先生、津田拓也先生、中出昌也先生、矢子由纪久女士、吉田惠一先生、胁田俊辅先生，谢谢你们不厌其烦地参与讨论。

此外，还要感谢从上一部作品就很照顾我们的东洋经济新报社的桑原哲也先生。谢谢你在我们没有头绪的时候给予鞭策、鼓励，使我们最终出色地完成了本书。

很遗憾，这里没有办法把所有人的名字都写进来。但我们还是要借此机会，向所有和我们一起解决案例分析问题的朋友表示感谢，谢谢你们。

东大案例学习研究会
吉田雅裕、木本笃茂

出版后记

如何治理雾霾？如何增加星巴克的销售额？如何扩大香蕉的市场规模？如果在面试中遇到这类问题，你会怎么办？是否能够当场分析现状，给出有针对性且可行性极高的解决办法？

本书和前作《全世界有多少只猫：用费米推定推算未知》中提到的费米问题相同，介绍的都是知名咨询公司和互联网公司常见的面试问题。通常，在面试中提出这类问题，面试官在意的不是答案，而是面试者在解答过程中展现的分析能力和创造能力。这两类问题的核心思路都是大胆提出假设，将大问题拆解成多个小问题。前作注重面试者的逻辑分析能力和估算能力，而本书提到的案例分析问题，注重解决问题的框架思维和商业敏锐度，以及构思完整的解决问题的方案，这些也是合格的咨询顾问的基本功。

本书作者在求职阶段解答了几百道案例分析问题，并将这些问题整理、归类，提出了案例分析问题的 3 个类别和 5 个解答步骤。作者通过解说有趣的案例和课题将这些内容介绍给大家，也详细地写出了解答过程。书中还有大量的练习题和 50 个实用性较高的精选框架，帮助大家更好地理解、分析各类问题。

相信本书能够在面试、日常的生活和工作中为你带去更多的帮助，助你成为在各个领域都能闪闪发光的杰出人才。

服务热线：133-6631-2326　188-1142-1266

服务信箱：reader@hinabook.com

后浪出版公司

2023 年 3 月

全世界有多少只猫：
用费米推定推算未知

作者：[日] 日本东大案例研究会
译者：吴梦迪

书号： ISBN 978-7-5057-5544-4
出版时间： 2022年11月
定价： 39.80元

你能说出毛绒玩具的市场规模有多大，一次性筷子的年消耗量是多少，iPhone 明年的销量是多少吗？

这些看似稀奇古怪的问题就是世界知名的费米推定问题。这类问题实际上是在考验逻辑思考能力和短时间计算能力，也是很多企业的经典面试问题。而推算这些答案的方法，主要就是建立一套思考模式。

作者研究了求职过程中的 1000 多个费米推定问题，总结出费米推定的体系，将所有费米推定问题分为 6 种模型，将基础解答方法整理成 5 个步骤，并详细解析 15 个核心问题，帮助读者牢牢掌握费米推定问题的解题方法和流程。只要掌握这种方法，你就能够在资料不充足的情况下，运用已有知识和假设来迅速做出推断，让费米推定成为受用一生的脑力锻炼方法。

《波士顿咨询工作法：精准预测答案》

作者：[日]内田和成
译者：林慧如

书号：ISBN 978-7-5057-5392-1
出版时间：2022年7月
定价：38.00元

波士顿咨询公司的高级咨询顾问是怎样思考的？是否拥有的信息越多，就越能做出好决策？优秀的咨询顾问或许没有高超的信息搜集和分析能力，但总能比别人早一步看出问题所在，迅速提出解决方案，关键就在于他们擅长运用假说思考发现和解决问题。

假说思考是指在信息还不充足的阶段，率先找出最可能是正确答案的思考方式。假说思考的步骤包括假说的建立、验证与进化。在本书中，作者通过分析成功案例，如"日本7-Eleven如何通过假说思考称霸零售行业"，以商务中常见的问题为例，如"提升化妆品营业额的解决方案"，介绍了如何迅速提出有效假说、如何验证假说是否正确等具体的假说思考方法。

本书作者是BCG日本前总裁，他一开始是只会埋头分析问题的新手顾问，在边学边做中成长为善用假说思考的顶级顾问。从假说思考出发，可以大大减少非必要的工作量，更快地看清事情全貌，抓住问题本质，快速推进工作，找出最优解。同时还能提升个人的前瞻力、决断力与执行力，成为更具竞争优势的职场工作者。

图书在版编目（CIP）数据

聪明人都用框架找答案 / 日本东大案例学习研究会
著 ; 吴梦迪译. -- 北京 : 中国友谊出版公司, 2023.11
　　ISBN 978-7-5057-5653-3

　　Ⅰ.①聪… Ⅱ.①日… ②吴… Ⅲ.①问题解决(心理
学)－通俗读物 Ⅳ.①B842.5-49

中国国家版本馆CIP数据核字(2023)第106966号

著作权合同登记号　图字：01-2023-3673

TODAISEIGA KAITA MONDAIWO TOKUCHIKARAWO KITAERU CASEMON-
DAI NOTE
by TODAI CASE STUDY KENKYUKAI
Copyright©2010 TODAI CASESTUDY KENKYUKAI
AII rights reserved.
Original Japanese edition published by TOYO KEIZAI INC.

Simplified Chinese translation copyright©2023 by Ginkgo (Shanghai) Book Co., Ltd.
This Simplified Chinese edition published by arrangement with TOYO KEIZAI INC,
Tokyo, through Bardon-Chinese Media Agency, Taipei.

本中文简体版版权归属于银杏树下（上海）图书有限责任公司。

书名	聪明人都用框架找答案
作者	［日］日本东大案例学习研究会
译者	吴梦迪
出版	中国友谊出版公司
发行	中国友谊出版公司
经销	新华书店
印刷	嘉业印刷（天津）有限公司
规格	889×1194毫米　32开
	6.5印张　101千字
版次	2023年11月第1版
印次	2023年11月第1次印刷
书号	ISBN 978-7-5057-5653-3
定价	45.00元
地址	北京市朝阳区西坝河南里17号楼
邮编	100028
电话	（010）64678009